エンジニア入門シリーズ

―はじめて学ぶ―

リチウムイオン電池設計の入門書

［著］

東京都立大学
棟方 裕一

科学情報出版株式会社

はじめに

　リチウムイオン電池は皆さんにとって大変なじみのある電池だと思います。当初はビデオカメラや携帯オーディオプレーヤーなどの一部の機器でしか用いられていませんでしたが、その利便性の高さから今ではありとあらゆるところでこの電池が利用されています。この文章を書いている9月初旬はまだ大変暑く、リチウムイオン電池を搭載したハンディファンが毎日、大活躍しています。様々なアイデアと結びつき、今までになかった新しい用途への展開を含め、リチウムイオン電池の可能性はさらに広がりを見せています。

　本書はリチウムイオン電池の入門書として、材料から電池までをどのように設計して組み立てていくのかをなるべく分かりやすく解説したものです。リチウムイオン電池にこれから関わっていく方だけでなく、既に材料や電極の研究、あるいは電池の開発に携わっている方にも役立つように、材料、電極、電池のどの段階の設計や評価からでも必要に応じて読んでいただけるように心がけて執筆しました。第1章では電池の構成や用いられる材料について詳しく解説しています。材料開発に携わっている方の一助になることを願い、なぜこの材料が必要かという点を中心に解説しています。第2章では電極の設計について解説しています。電極作製の各工程はもちろんですが、目的や評価内容に応じて電極の設計をどのように変えるかについてまとめています。第3章では電極の電気化学特性を明らかにするための各評価方法について解説しています。測定法の原理だけでなく、測定条件や測定セルの組み立て方を含めて具体的な手順を説明しています。第4章では正極と負極を組み合わせて実際に電池を作製する工程を解説しています。電極の組成も含めた具体的な設計例を示していますので参考になると思います。ここでは安全性の確保や寿命予測についても解説しています。第5章ではこれらの「作る側」の取り組みではなく「使う側」の観点から、電気自動車での利用を具体例にリチウムイオン電池が環境負荷の低減にどの程度の効果があるのかを解説しています。電池を作ること自体は環境負荷を増やすことにつ␈␈

りますので、このマイナスからのスタートをどのようにプラスへ持って行くのか、意図しない結果になっていないかをライフサイクルアセスメントという指標で定量的に正しく評価する方法をまとめました。本書はあくまで入門書ですので、より詳しい内容についてはそれぞれの専門書を参照していただくことになりますが、リチウムイオン電池に興味を持っている方の学習や実際に研究開発に携わっている方の業務の一助となれば幸いです。

東京都立大学

棟方 裕一

目　　　次

はじめに

第1章　リチウムイオン電池とは

1.1　基本構成と動作原理 ･････････････････････････････ 3
1.2　代表的な正極活物質 ･･････････････････････････････ 6
　1.2.1　酸化物系材料 ････････････････････････････････ 6
　1.2.2　ポリアニオン系材料････････････････････････････ 7
　1.2.3　高電位・高容量材料･･･････････････････････････ 9
1.3　代表的な負極活物質 ･･･････････････････････････ 11
　1.3.1　炭素系材料 ･････････････････････････････････ 11
　1.3.2　チタン酸リチウム ･･･････････････････････････ 13
　1.3.3　合金系材料 ･････････････････････････････････ 14
1.4　導電助剤、バインダー ･･･････････････････････････ 16
　1.4.1　導電助剤 ･･･････････････････････････････････ 16
　1.4.2　バインダー ･････････････････････････････････ 18
1.5　電解液 ･･･ 21
　1.5.1　構成成分と特性 ･････････････････････････････ 21
　1.5.2　被膜の形成と添加剤 ･････････････････････････ 24
1.6　セパレータ･･････････････････････････････････････ 26
1.7　集電体 ･･･ 29
　1.7.1　正極の集電体 ･･･････････････････････････････ 29
　1.7.2　負極の集電体 ･･･････････････････････････････ 32

第2章　電極の作製

2.1　電極仕様の決定 ･････････････････････････････････ 37
　2.1.1　容量、作動電位 ･････････････････････････････ 38

2.1.2 レート特性 ････････････････････････････ 38

2.1.3 サイクル特性 ･･････････････････････････ 40

2.2 構造と電気化学応答 ･･････････････････････････ 41

2.2.1 エネルギー密度とレート特性･･･････････････ 41

2.2.2 目的に応じた電極の設計･･･････････････････ 43

2.3 作製工程 ････････････････････････････････････ 45

2.3.1 電極スラリーの調製･･･････････････････････ 45

2.3.2 分散性の評価 ･･･････････････････････････ 48

2.3.3 塗工と乾燥 ･････････････････････････････ 51

2.3.4 プレスと切断 ･･･････････････････････････ 53

2.4 電極構造の確認、評価 ････････････････････････ 56

第3章　電極の電気化学特性評価

3.1 試験セルの構成････････････････････････････････ 61

3.1.1 ビーカーセル ･･･････････････････････････ 63

3.1.2 コインセル ･････････････････････････････ 65

3.1.3 ラミネートセル ･････････････････････････ 68

3.2 電気化学測定 ･･････････････････････････････････ 72

3.2.1 サイクリックボルタンメトリー ･････････････ 72

3.2.2 定電流充放電試験 ･･･････････････････････ 75

3.2.3 交流インピーダンス測定･････････････････ 81

3.2.4 定電流間欠滴定法 ･･･････････････････････ 88

3.2.5 直流法と交流法の選択･･･････････････････ 90

第4章　電池の設計、試作と評価

4.1 用途と必要性能 ･･････････････････････････････ 97

4.2 正極と負極の組み合わせ、フルセルの作製･･････････ 99

4.2.1 フルセルの形式と特徴･･･････････････････100

　　4.2.2　炭素系負極を用いたフルセルの設計 ‥‥‥‥‥‥‥‥102

　　4.2.3　Li$_4$Ti$_5$O$_{12}$負極を用いたフルセルの設計 ‥‥‥‥‥‥104

　　4.2.4　電解液の注液、電極の活性化 ‥‥‥‥‥‥‥‥‥‥105

　　4.2.5　定格容量、短絡の確認‥‥‥‥‥‥‥‥‥‥‥‥‥108

　4.3　劣化と安全性 ‥‥‥‥‥‥‥‥‥‥‥‥‥‥‥‥‥‥‥110

　4.4　電池特性の改善 ‥‥‥‥‥‥‥‥‥‥‥‥‥‥‥‥‥‥117

第5章　環境デバイスとしてのリチウムイオン電池

　5.1　温室効果ガスの排出削減へ向けて ‥‥‥‥‥‥‥‥‥121

　5.2　ライフサイクルアセスメント（LCA） ‥‥‥‥‥‥‥‥122

　5.3　リチウムイオン電池製造のLCA ‥‥‥‥‥‥‥‥‥‥125

　　5.3.1　正極活物質合成のLCA ‥‥‥‥‥‥‥‥‥‥‥128

　　5.3.2　セル作製のLCA ‥‥‥‥‥‥‥‥‥‥‥‥‥‥131

　5.4　電気自動車のLCA ‥‥‥‥‥‥‥‥‥‥‥‥‥‥‥‥134

おわりに

第**1**章

リチウムイオン
電池とは

1.1 基本構成と動作原理

　スマートフォンやタブレットの電源として用いられているリチウムイオン電池は我々に最も身近な二次電池である。図1-1に示すように他の二次電池に比べて重量や体積当たりに貯蔵できる電気エネルギー量が多く、軽量で小型なことが特徴である。この特徴は電気エネルギーの可搬性を高め、様々な電子機器のポータブル化を支えているだけでなく、スマートウォッチのようなウェアラブル機器やドローンといった新しい機器の実現にも貢献している。リチウムイオン電池が普及する前に使われていたニッケル水素電池やニッケルカドミウム電池には、充電された電気エネルギーを使い切らないうちに充電してしまうと、充電できる電池の容量が減ってしまう問題があった。これはメモリー効果と呼ばれ、電池を使う上で大変不便なものであった。リチウムイオン電池にはこのメモリー効果がほぼないため、いつでも気軽に継ぎ足し充電が可能である。

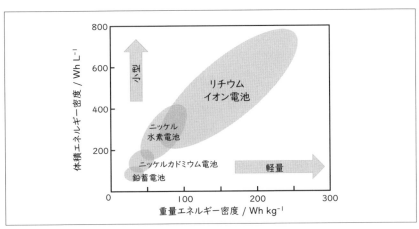

〔図1-1〕二次電池の重量および体積当たりのエネルギー密度

これは利便性に直結しており、電池をより身近なものに押し上げた一番の特徴といっても良いかもしれない。近年は電力の平準化用や自動車用といった大型の用途へ積極的に展開されており、エネルギーの効率的な利用に基づく二酸化炭素の排出量削減を支える重要な役割も担っている。

　電池の中を見てみると、どのような電池も正極と負極がセパレータを介して配置された3層のサンドイッチ型の構造をしている（図1-2）。電池の反応を担う材料は電極活物質と呼ばれ、正極や負極に用いられる材料によって電池の名称や種類が異なる。リチウムイオン電池の場合は、正極に遷移金属化合物、負極に黒鉛が主に用いられている。電池を充電すると、正極活物質からリチウムイオンが引き抜かれ、電解液を介して負極の黒鉛へ挿入される。放電時には逆の反応が進行する。すなわち、黒鉛からリチウムイオンが引き抜かれ、正極活物質の中へ挿入される反応が進行する。他の二次電池との最も大きな違いは電解液である。有機溶媒にリチウム塩を溶かした有機電解液が使用されている点である。有機電解液は従来の電池で用いられていた水系電解液に比べて分解電圧が

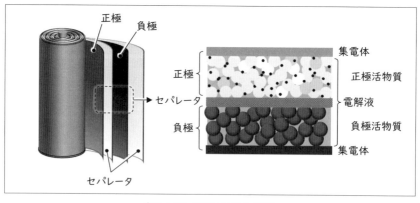

〔図1-2〕電池の基本構造

大きい。したがって、より高電位で作動する正極活物質とより低電位で作動する負極活物質を組み合わせて電池を構成でき、大きな起電力（電圧）を得ることができる（図1-3）。このことがリチウムイオン電池の優れたエネルギー密度につながっている。また、リチウムイオン電池における電解液層は、あくまでリチウムイオンの伝導層としてのみ機能するため、電池に占める電解液量は最小限でかまわない。このことも高いエネルギー密度の実現に貢献している。従来の二次電池では電解液も電池反応に関係する。したがって、その量を減らすことが原理的に難しい。例えば、鉛蓄電池では、充電時に正極の酸化鉛と負極の鉛が共に硫酸鉛へ変化する。硫酸鉛を形成する際に必要となる硫酸イオンは電解液から供給される必要があるため、相応の硫酸水溶液が電池に含まれていなければならない。その結果、電池内の電極活物質の量が相対的に少なくなり、エネルギー密度も低くなってしまう。このようにリチウムイオン電池の高いエネルギー密度には、有機電解液の利用が大きく貢献している。

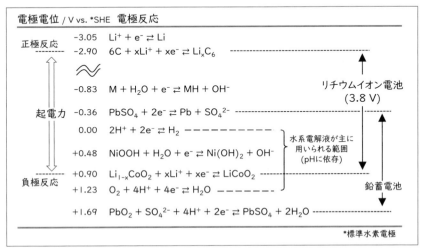

〔図 1-3〕電極活物質の組み合わせと電池の起電力

1.2 代表的な正極活物質

1.2.1 酸化物系材料

　リチウムイオン電池の正極活物質には、遷移金属化合物が用いられている（図1-4）[1,2]。代表的な材料とその特徴を表1-1に示す。従来は層状岩塩型やスピネル型の結晶構造を有するコバルト酸リチウム（$LiCoO_2$）やマンガン酸リチウム（$LiMn_2O_4$）といったリチウムを含有する比較的単純な組成の酸化物が主流であったが、近年は価格や容量の関係からニッケルを主体としたニッケルマンガンコバルト（NMC）系酸化物（例えば $LiNi_{1/3}Mn_{1/3}Co_{1/3}O_2$）やニッケルコバルトアルミニウム（NCA）系酸化物（例えば $LiNi_{0.8}Co_{0.15}Al_{0.05}O_2$）の利用が広がっている。いずれも遷移金属と酸素からなる構造を骨格としており、その中をリチウムイオ

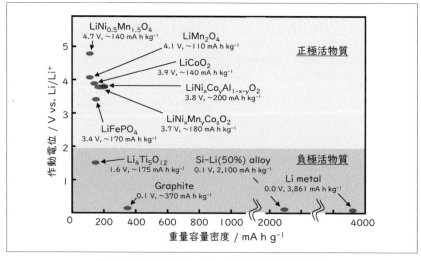

〔図1-4〕リチウムイオン電池の電極活物質

〔表 1-1〕代表的な正極活物質

組成	結晶構造 (Li$^+$イオンの拡散経路)		平均作動電位 / V vs. Li/Li$^+$	理論容量 / mA h g^{-1}	実効容量 / mA h g^{-1}
LiCoO$_2$	Layered (2D)		3.9	274	140-150
LiNi$_{0.8}$Co$_{0.15}$Al$_{0.05}$O$_2$			3.8	279	180-200
LiNi$_{1/3}$Mn$_{1/3}$Co$_{1/3}$O$_2$			3.8	278	160-170
LiMn$_2$O$_4$	Spinel (3D)		4.1	148	100-120
LiNi$_{0.5}$Mn$_{1.5}$O$_2$			4.7	147	120-130
LiFePO$_4$	Olivine (1D)		3.4	170	150-170
LiMnPO$_4$			4.1	170	140-160

ンが拡散することで充放電反応が進行する。電子伝導性とリチウムイオン伝導性に優れる材料が多く、小型の電子機器だけでなく、電気自動車などの高い入出力特性が求められる用途でも利用されている。この骨格構造はリチウムイオンを多く含んでいる放電状態においては比較的安定であるが、リチウムイオンが部分的に抜けている充電状態では不安定になりやすい。充放電反応の繰り返しによる結晶性の低下や過充電による負荷はそれに拍車を掛けて熱的に不安定な状態を生み出す。このときに短絡等によって電池の温度が上がってしまうと、骨格構造から酸素が放出されて電池が自己発熱し、熱暴走に至りやすいことが問題である。

1.2.2 ポリアニオン系材料

リン酸塩やケイ酸塩に代表されるポリアニオン系化合物は、電池に優れた安全性を付与できる正極材料として注目されている[3]。これらの化合物における酸素は PO$_4$$^{3-}$ 等のポリアニオンを形成しており、強く安定化されている。このことが優れた熱的安定性につながっている。オリビン型構

造を有するリン酸鉄リチウム（LiFePO$_4$）は既に実用化されている材料であり、リチウムイオンが脱離した放電状態の FePO$_4$ は 500 ℃を超えても酸素を放出せず安定である。しかし、LiFePO$_4$ は電子伝導性やリチウムイオン伝導性が酸化物系正極材料に比べて数桁低く、実用化に至るまでには多くの工夫が必要であった。図 1-5 に代表的な粒子設計の例を示す。電子伝導性を補助するためのカーボン被覆とリチウムイオンの拡散距離を短くするための微粒子化が一般的に行われている。層状構造の酸化物系正極材料に比べて結晶構造が安定なため、合成時に粒子が大きくてもボールミリングなどの機械的処理によって微粒子化を図ることができる。ただし、微粒子化された比表面積の大きな粒子をそのまま用いると、後述する電極スラリーの凝集が起こりやすく、バインダーや導電助剤の添加量も多くなるため、必要に応じて二次粒子化されたものが用いられる。LiFePO$_4$ の作動電位は 3.4 V vs. Li/Li$^+$である。酸化物系正極材料に比べると低い値である。そのため、電池の起電力とエネルギー密度は少し低くなるが安全性に優れるため、蓄電設備等の大型のものを中心に用途が展開されてきた。コバルトもニッケルも使用せず原料が非常に安価なことから、最近ではアウトドア用のポータブル電源に代表される中型用途への展開も進められている。このポリアニオン系化合物の優れた安定性を享受しながら電池のエネルギー密度を高めるためには、作動電位

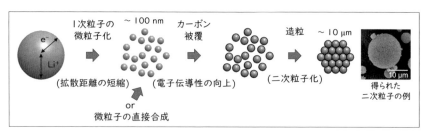

〔図 1-5〕LiFePO$_4$ の粒子設計

の引き上げが必要である。そのためには酸化還元を担う金属種を変更しなければならない。例えば、鉄をマンガンに置き換えることで作動電位を 4.1 V vs. Li/Li$^+$ へ引き上げることが可能である。この観点から LiFePO$_4$ に代わる材料として、リン酸マンガンリチウム（LiMnPO$_4$）や鉄の一部をマンガンで置換した LiFe$_{1-x}$Mn$_x$PO$_4$（0 < x < 1）に関する研究開発が活発に行われている。

1.2.3　高電位・高容量材料

　高い電位で作動する正極活物質としては、前述のスピネル構造を有する LiMn$_2$O$_4$ へニッケルを添加したニッケルマンガン酸リチウム（LiNi$_{0.5}$Mn$_{1.5}$O$_4$）がよく知られている。その作動電位は約 4.7 V vs. Li/Li$^+$ と非常に高い値である。理論容量は 147 mA g^{-1} と中間的な値である。リチウムイオン電池で用いられる有機電解液は電位窓（利用できる電位範囲）が広く、水系電解液に比べて分解されにくいものの、ここまで高い電位になると酸化反応により分解が進行する。したがって、この正極材料を用いるためには電解液の酸化分解を抑える設計が必要となる。現時点では十分な解決策は見出されていないが、後述する電解液の添加剤の選択や反応性を抑えるための表面修飾が有効なアプローチといえる（図 1-6）。リチウムイオンの行き来を邪魔せず、電子移動のみを抑えるような表面修飾が好ましく、これまでにアルミナやリチウムイオン伝導性の固体電解質による被覆が有効なことが明らかにされている。電池のエネルギー密度の向上には、作動電位の引き上げに加えて、重量あるいは体積当たりの容量密度を高めることが有効である。固溶体系材料は特に大きな容量を実現できる正極材料として近年注目を集めている。その基本構造はマンガンと酸素から構成される MnO$_6$ 層にリチウムを含有するリチウム過剰層状岩塩構造 Li$_2$MnO$_3$ に LiMO$_2$（M は Mn, Co, Ni

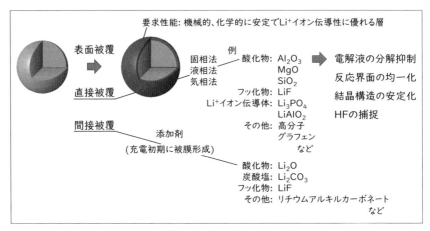

〔図1-6〕正極活物質の表面修飾

などの遷移金属）が固溶したもので Li_2MnO_3-$LiMO_2$ と表される。2005年にThackerayらに見出されて以来、活発な材料探索と充放電反応のメカニズム解析が進められている[4]。この正極の充放電反応には酸素の酸化還元反応が関与しており、これまでに 300 mA h g^{-1} を超える大きな充放電容量が実現されている。高容量正極の探索はポリアニオン系の材料においても進められている。例えばグラフェンと複合化されたフッ素ドープ Li_2FeSiO_4 が 300 mA h g^{-1} を超える放電容量を示すことが報告されている[5]。

1.3　代表的な負極活物質

1.3.1　炭素系材料

　リチウムイオン電池の負極活物質には、黒鉛を中心とした炭素系材料が広く用いられている（表1-2）。図1-7に示すように黒鉛は炭素原子の6員環が連なったグラフェン層が多数積層した結晶性の高い構造を有している。この層間へリチウムイオンが挿入脱離することで充放電反応が進行する。炭素の6員環1つに対してリチウムイオンが1つ入った状態

〔表 1-2〕代表的な負極活物質

組成	Li含有組成	平均作動電位 / V vs. Li/Li$^+$	重量容量密度 / mA h g^{-1}	体積容量密度* / mA h cm^{-3}	体積変化率 / %
黒鉛(C)	LiC$_6$	0.05	372	837	12
Li$_4$Ti$_5$O$_{12}$	Li$_7$Ti$_5$O$_{12}$	1.6	175	613	<1
Sn	Li$_{4.4}$Sn	0.6	994	7,246	260
Si	Li$_{4.4}$Si	0.4	4,200	9,786	400
	Li$_{3.75}$Si	0.4	3,579	8,339	300
Li	Li	0	3,861	2,050	100
Al	LiAl	0.3	993	2,681	96

*重量容量密度 / 密度(Li非含有時)より導出

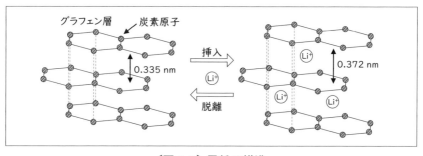

〔図 1-7〕黒鉛の構造

が最大の挿入量であり、挿入量は一般に Li_xC_6（$0 \leq x \leq 1$）と表現される。理論容量は 372 mA h g^{-1} であり、実際の電池でもこの値に近い容量が得られている。グラフェン層間の距離は初め 0.335 nm であるが、充電でリチウムイオンが挿入されると 0.372 nm まで拡大する。このときの黒鉛の膨張率は約 12% で比較的大きな変化を示す。放電時は逆の変化が進行し、層間距離は元に戻る。黒鉛には天然に産出される天然黒鉛と人工的に合成される人造黒鉛があり、人造黒鉛はコークスと呼ばれる石炭や石油の残渣を主原料とし、これにピッチやタールを加えて 3000 ℃ 程度の高温で黒鉛化したものである。天然黒鉛に比べて不純物が少なく、粒子サイズも整っていることが特徴である。人造黒鉛は用いる前駆体や熱処理条件によって最終的に得られる微構造が異なる。フェノール樹脂などの結晶化が起こりにくい原料を用いるとハードカーボンと呼ばれる炭素材料が得られる。これは黒鉛ではなく、非黒鉛系炭素材料に分類される。この炭素材料は高温で熱処理を行っても結晶化し難く、微結晶がランダムに配置された乱層構造で構成される。これらの微結晶の間にはミクロポアと呼ばれる微小な細孔が多数存在し、充放電時の体積変化を緩和できる構造となっている。そのため、ハードカーボンは黒鉛に比べて優れたサイクル安定性を示す。これらの微細孔はリチウムイオンの挿入・貯蔵サイトとしても機能するため、優れた入出力特性が得られるだけでなく、重量当たりの容量密度が黒鉛に比べて大きくなる。但し、隙間の多い構造であるため、体積当たりで比較すると容量密度は小さくなる。黒鉛へのリチウムイオンの挿入は図 1-8 に示すようにステージ構造と呼ばれる段階的な構造変化を伴って進行する。あるグラフェン層間にリチウムイオンが入りきったら別の層間へリチウムイオンが入っていくという変化であり、0.3 V vs. Li/Li$^+$ 以下の電位で各段階に応じた電位平坦部が認められる。それに対してハードカーボンへのリチウムイオンの挿

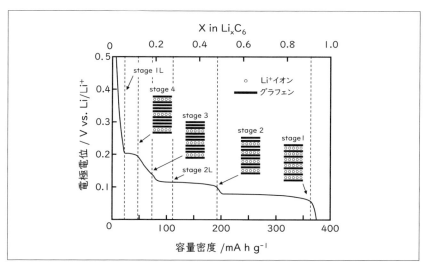

〔図1-8〕黒鉛へのリチウムイオンの挿入

入は約 1.0 V vs. Li/Li$^+$ からの連続的な電位変化を示す。この応答は電池の
充電状態を電圧から読み取ることを容易にしてくれるが、リチウムイオ
ンの挿入サイトを十分に活用するためには 0 V vs. Li/Li$^+$ 付近まで充電を
行う必要があるため、電位が下がり過ぎてリチウム金属が析出しないよ
うに注意しなければならない。その他の負極用炭素材料として黒鉛とハ
ードカーボンの中間的な構造や性質を有するソフトカーボンが挙げられ
る。代表的なものとしてメソカーボンマイクロビーズ（MCMB）が知られ
ているが、製造コストが高いため現在ではほとんど用いられていない。

1.3.2　チタン酸リチウム

　チタン酸リチウム（Li$_4$Ti$_5$O$_{12}$）はスピネル構造の酸化物系負極材料であ
り、1.6 V vs. Li/Li$^+$ 付近で非常に平坦な充放電応答を示す（図1-9）。作動
電位が高いため、電解液の還元分解が起こりにくいことが特徴である。
さらに、リチウムイオンの挿入脱離に伴う体積変化もほとんどないため、

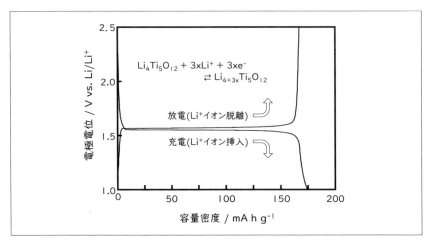

〔図 1-9〕Li$_4$Ti$_5$O$_{12}$ の充放電曲線

優れたサイクル安定性を示す。エネルギー密度は低いものの、長寿命の安全な電池を実現できることから、電力貯蔵向けの大型電池の負極材料として実用化されている。

1.3.3 合金系材料

　その他に一部実用化されている負極材料としてシリコン系の合金材料が挙げられる。リチウムと合金化する材料は大きな容量を有するものが多いが充放電に伴う体積変化が非常に大きくサイクル安定性に乏しい。したがって、応力を緩和するための微粒子化や炭素材料との複合化が行われている。単独で十分なサイクル安定性やレート特性を実現することがまだ難しいため、炭素系負極に少量添加した形で用いられている。また、リチウム金属は過去に実用化された負極材料であるが、安全性や安定性に問題があり、現在は主に電極活物質を評価する際の対極として用いられている。上述の材料群とは異なり、析出溶解反応で充放電反応が進行する。金属であるため電子伝導性に優れ、容量密度も 3861 mA h g^{-1}

と高いことから理想的な負極材料であるが、電池の充電時に平滑に析出せず、デンドライト（樹枝）状に析出して電池の内部短絡を招くことが問題となっている（図1-10）。

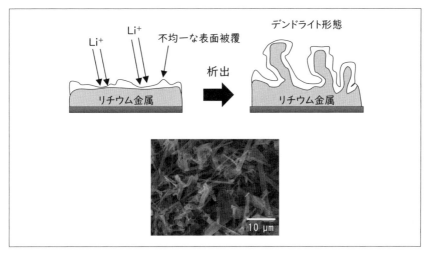

〔図1-10〕リチウム金属の析出

1.4　導電助剤、バインダー

1.4.1　導電助剤

　電極活物質は溶媒に分散されてスラリー化された後に、集電体上に塗工され、乾燥やプレスの工程を経て電極化される。この際に添加して用いられるのが導電助剤とバインダーである。導電助剤は電極活物質の電子伝導性を補助する役割を担い、主にカーボン系の材料が用いられている。最も広く用いられている導電助剤は粒状のカーボンブラックであるが、それ以外に用途に応じて繊維状のカーボンファイバーやカーボンナノチューブも用いられる。図 1-11 に代表的な導電助剤を示す。カーボンブラックは一般に 40 nm 程度の大きさのカーボン粒子が数珠状につながった構造を取っている。各カーボン粒子はグラフェン層が積層した小さな結晶子が同心円状に配列した構造からなり、高結晶性のものからミクロポアを多く含む多孔性のものまでが存在する。カーボン粒子の表面には様々な官能基が存在し、その種類や密度によって溶媒への濡れ性が異なる。リチウムイオン電池の導電助剤にはアセチレンブラックと呼ばれるカーボンブラックが主に用いられる。内部が詰まった構造のカーボン粒子で構成され、その比表面積は $70 \ \mathrm{m^2 \ g^{-1}}$ 程度である。一方、内部に多数のミクロ孔を含むカーボン粒子からなるカーボンブラックはケッチェンブラックと呼ばれ、その比表面積は大きいものだと $1,000 \ \mathrm{m^2 \ g^{-1}}$ を超える。非常に嵩高い構造のため、原理的には少量の添加で電子伝導パスを形成でき、電池のエネルギー密度を高められる。ただし、電極スラリーの粘度が高くなる傾向があり、スラリーの塗工性が影響を受けるため、その恩恵を得るためには十分な最適化が必要である。また、電解液

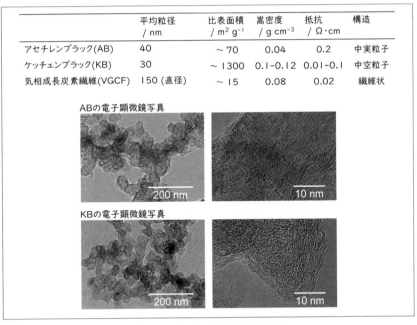

	平均粒径 / nm	比表面積 / m² g⁻¹	嵩密度 / g cm⁻³	抵抗 / Ω·cm	構造
アセチレンブラック(AB)	40	～70	0.04	0.2	中実粒子
ケッチェンブラック(KB)	30	～1300	0.1-0.12	0.01-0.1	中空粒子
気相成長炭素繊維(VGCF)	150 (直径)	～15	0.08	0.02	繊維状

ABの電子顕微鏡写真

200 nm　　10 nm

KBの電子顕微鏡写真

200 nm　　10 nm

〔図 1-11〕代表的な導電助剤

の分解反応はカーボンブラック上でも進行するため、必要以上にそのような高比表面積の導電助剤を添加すると充放電反応の不可逆性が増すことに留意しなければならない。特に高電位正極へ適用する場合には注意が必要である。リチウムイオンの脱挿入に伴って電極活物質の多くは体積変化を示す。そのため、電極活物質粒子や電極には充放電過程である程度の応力がかかる。特に高速で充放電を行うと大きな応力が生じ、電極活物質粒子や電極の内部に亀裂が発生して電子伝導パスが断絶することがある。この問題はカーボンナノチューブなどの繊維状の導電助剤を添加することで軽減可能である。図 1-12 に示すように導電助剤が繊維状であるとロングレンジの電子伝導パスが形成され、電極に亀裂が生じても電子伝導のネットワークが維持されるためである。但し、繊維状の

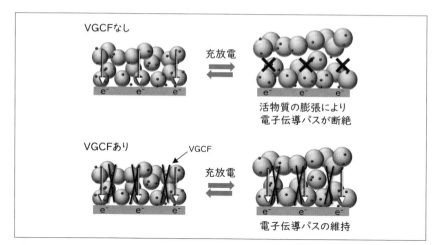

〔図1-12〕繊維状カーボンの添加によるロングレンジの電子伝導パスの形成

カーボンブラックは粒状のものに比べてスラリー中の分散性が概ね低く、添加量が多いと凝集する傾向がある。したがって、単独ではなく、粒状のものに少し添加した形で用いられることが多い。

1.4.2 バインダー

電極活物質は導電助剤とともに集電体上に固定されて電極として用いられる。ここで重要な役割を担うのがバインダーである。各材料を結着する役割はもちろんであるが、電極スラリーの分散性や塗工性の向上、電解液に対する濡れ性の改善など、バインダーの働きは多岐にわたる。図1-13に代表的なバインダー材料を示す。これらは有機溶媒を分散媒とする溶剤系と水を分散媒とする水系の2種類に大別される。ポリフッ化ビニリデン（PVDF）は溶剤系バインダーの代表格であり、熱的、化学的に安定で耐酸化性が良好なことから主に正極に用いられている。電池のエネルギー密度を高めるためには、少量の添加で優れた結着性を実現し、電極内の電極活物質の比率を高めなければならない。この観点か

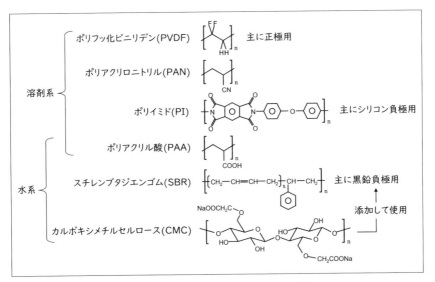

〔図1-13〕代表的なバインダー材料

ら分子量の大きなものや極性官能基が導入された変性品が開発されている。PVDF は大変実績のあるバインダーであるが、近年主流のニッケルを高比率で含む NMC 系や NCA 系の正極活物質とは相性が悪く、適用が難しい。これらの正極材料は水分があると強アルカリ性を示し、PVDF は脱フッ化水素反応を起こしてしまう。その結果、電極スラリーの安定性が低下し、ゲル化し易くなるためである。この問題を解決するために、ポリアクリル酸やポリイミドを用いた新しいバインダーが開発されている。

　負極においても当初は PVDF バインダーが用いられていた。しかし、現在はほとんどが水系バインダーに置き換えられている。溶剤系バインダーで用いられる N- メチルピロリドンや N,N- ジメチルアセトアミドなどの非プロトン性極性溶媒は可燃性で毒性が高い。したがって、溶剤系バインダーを用いた電極の塗工や乾燥には防爆環境だけでなく、溶媒

を回収するための特殊な設備が必要である。水系バインダーへの転換は環境負荷の低減はもちろんのこと、それらの特殊な設備も不要となるため電池製造の低コストにおいても大変意義が大きい。スチレンブタジエンゴム（SBR）は引張強度と弾性率に優れ、高い結着性を備える水系バインダーである。現在、黒鉛負極のほとんどにこのバインダーが用いられている。耐酸化性があまり良くないため、通常は負極用に限定されるが、リン酸鉄リチウムのような作動電位が低い正極活物質であれば適用が可能である。電極を所望の厚みで均一に塗工するためには、電極スラリーの粘度を適切に調整することが求められる。しかし、SBRバインダーはSBR微粒子が分散したエマルジョンであるため、単独添加では電極スラリーの粘度調整が難しい。したがって、カルボキシメチルセルロース（CMC）などの増粘剤と併用されるのが一般的である。

1.5　電解液

1.5.1　構成成分と特性

　電解液はリチウムイオン電池内のイオン伝導相として機能し、充放電反応の進行に伴う正極 - 負極間のリチウムイオンの移動を媒介する。それ自体が充放電反応に直接関与するものではないが、電池の性能を決定する大変重要な構成要素である。電解液には次のことが基本的な特性として求められる。一つ目はリチウムイオンの伝導性が高いことである。電池の充放電反応を円滑に進行させる上で求められ、優れた入出力特性が必要な用途では特に重要である。二つ目は、高電位で作動する正極と低電位で作動する負極を組み合わせて用いるため、酸化側にも還元側にも電気化学的に安定なことである。この安定性は電位窓と呼ばれる電位範囲で表現される。三つ目は電池の使用温度域で化学的に安定であり、揮発したり凍結したりし難いことである。実際の電池では難燃性であることや安価であることなど、電池の用途に応じていくつかの要件がさらに追加される。現行のリチウムイオン電池では、これらを満たすものとしてカーボネート系の溶媒にリチウム塩を溶かした有機電解液が用いられている。表 1-3 に電解液に用いられる代表的な溶媒の物性を示す。また、表 1-4 はリチウム塩の物性を示したものである。エチレンカーボネート（EC）に代表される環状カーボネートは比誘電率が大きいため、多くのリチウム塩を溶かすことができる。また、熱的な安定性にも優れていることから、電解液を構成する主溶媒に選択されている。しかし、単独では粘度が高く電極やセパレータへの注液が難しいため、通常はジメチルカーボネート（DMC）やエチルメチルカーボネート（EMC）といっ

〔表 1-3〕電解液に用いられる代表的な溶媒

分類	名称 (略称)	沸点 / ℃	融点 / ℃	比誘電率 ε	密度 / g cm⁻³	粘度 / cP	その他の特徴
環状	エチレンカーボネート (EC)	248	36.4	89.78	1.32	1.90(40℃)	主溶媒
	プロピレンカーボネート (PC)	242	-48.8	64.92	1.20	2.53	
	フルオロエチレンカーボネート (FEC)	210	17.3	78.4	1.50	4.1	添加剤
	ビニレンカーボネート (VC)	162	22	126.0	1.35	1.54	添加剤
	γ-ブチロラクトン (GBL)	204	-43.5	39.1	1.13	1.75	
鎖状	ジメチルカーボネート (DMC)	91	4.6	3.11	1.06	0.59	低粘度化溶媒
	エチルメチルカーボネート (EMC)	110	-53	2.96	1.01	0.65	低粘度化溶媒
	ジエチルカーボネート (DEC)	126	-43	2.81	0.98	0.75	低粘度化溶媒
	ジメトキシエタン (DME)	85	-58	7.03	0.86	0.46	

代表的な溶媒の構造

EC　　　FEC　　F　　　DMC　　　　EMC　　　　　DEC

〔表 1-4〕電解液に用いられる代表的なリチウム塩

組成	モル質量 / g mol⁻¹	イオン伝導性 (in PC@25 ℃ / mS cm⁻¹)	分解電位 / V vs. Li/Li⁺	その他の特徴
$LiPF_6$	151.9	高(5.8)	6.3	広く用いられている, 高温で分解 加水分解性が高い(HFを生成)
$LiBF_4$	93.7	低(3.4)	6.2	加水分解性あり 解離性に乏しい
$LiClO_4$	106.4	高(5.6)	6.0	高温で分解 爆発性(研究用途のみで使用)
$LiCF_3SO_3$	156.0	低(1.7)	5.9	熱的に安定 アルミニウム集電体を腐食
$LiN(CF_3SO_2)_2$	287.1	中(5.1)	6.1	熱的に安定 アルミニウム集電体を腐食

た粘度の低い鎖状カーボネートが混合されて用いられる。それらのカーボネート系溶媒への溶解度やイオン伝導性、耐酸化性が良好なことからリチウム塩にはヘキサフルオロリン酸リチウム（$LiPF_6$）が選択されている。その濃度はイオン伝導性とリチウムイオン輸率のバランスを考慮し、概ね 1.0〜1.2 mol dm⁻³ の範囲に調整される（図 1-14）[6]。$LiPF_6$ は優れた

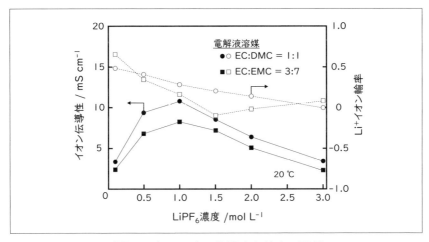

〔図1-14〕リチウム塩濃度と輸率の関係

特性を有するリチウム塩であるが課題もある。これは熱的な安定性が十分といえず、電解液に水分が含まれていると容易に加水分解されてフッ酸（HF）を生じることに関係している。微量な HF は電極活物質や集電体の表面に安定層を形成してポジティブな効果を生み出すが、過剰に存在すると電池性能が低下するためである。イミド構造のアニオンを有する $LiCF_3SO_3$（LiFSA）や $LiN(CF_3SO_2)_2$（LiTFSA）は熱的に安定であり HF を生成しないリチウム塩である。これらは比較的新しく見出されたものであり、同じ濃度で塩を溶解した場合、$LiPF_6$ を溶解した電解液と比べて低粘度でイオン伝導性の高い電解液が得られることが知られている。ただし、どちらにも正極に用いられるアルミニウム集電体を腐食する欠点がある。$LiClO_4$ は熱的安定性が低く、乾燥させると爆発性を帯びるため、実際の電池で用いられることはないが、電解液中に水分が存在しても HF を生成せず、集電体の腐食も起こさないことから、それらの影響を排除してより単純に電極活物質の特性を評価したい場合に用いられる。これらの物性に基づき、現在の実用電池では EC に DMC と

EMC を加えた三元系混合溶媒にリチウム塩と添加剤を加えた電解液が主に用いられている。

1.5.2　被膜の形成と添加剤

　電解液はリチウムイオン電池の初回充電時に電極活物質や導電助剤の表面で少なからず分解される。このとき、分解生成物によって被膜が形成されることが知られている（図 1-15）。還元分解で負極上に形成される被膜は solid electrolyte interphase（SEI）と呼ばれる。一方、酸化分解で正極上に形成される被膜は cathode electrolyte interphase（CEI）と呼ばれる。電極側には Li_2O や Li_2CO_3、LiF（$LiPF_6$ 含む電解液の場合）などの無機成分が多く、電解液側にはリチウムアルキルカーボネートやポリオレフィンからなる有機成分が多い構造をとる。これらの被膜は電池のサイクル特性や安定性に大きな影響を及ぼすことが知られており、リチウムイオンのみを透過する安定で低抵抗な被膜の形成が求められている。しかし、電解液を構成する溶媒やリチウム塩だけでは所望の被膜を形成す

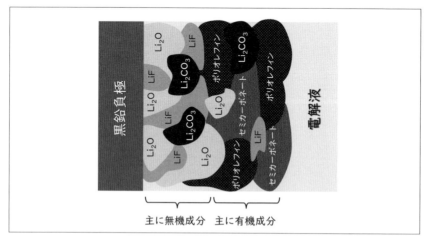

〔図 1-15〕電解液の分解により電極上に形成される被膜

ることが難しい。そのため、電解液には様々な添加剤が加えられる。ただし、添加量は多くても数wt.%である。添加量が多いと電解液のイオン伝導性が低下するためである。フルオロエチレンカーボネート（FEC）やビニレンカーボネート（VC）は正極にも負極にも効果的な汎用性の高い添加剤である。例えば、前者のFECを添加した場合はフッ化リチウム（LiF）リッチな被膜が形成される。添加剤の効果を理解し得る顕著な例として、プロピレンカーボネート（PC）含有電解液中での黒鉛負極の充電挙動が挙げられる（図1-16）。黒鉛の充電反応はその層間へのリチウムイオンの挿入で進行する。しかし、電解液にPCが含まれているとPC分子も層間へ取り込まれ、黒鉛を構成するグラフェン層が剥離するため放電を行えなくなってしまう。EC系の電解液ではこのような溶媒分子の共挿入は認められず、PC系電解液に特有の挙動である。添加剤として例えばアセテート類を加えると、PC分子の挿入を妨げる被膜が形成され、PCを含む電解液中であっても充放電を可逆的に行えることが報告されている[7]。このように添加剤は電池性能の改善に大きな役割を担っている。

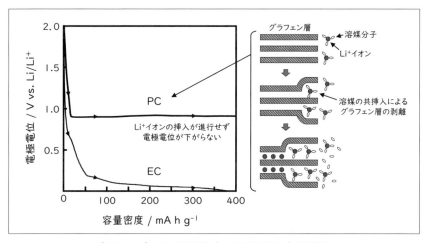

〔図1-16〕PC電解液中での黒鉛の充電挙動

1.6　セパレータ

　電池内の正極と負極の間にはセパレータと呼ばれる多孔質膜が配置される。電解液を保持して電極間のイオン伝導を確保することと内部短絡を防ぐことの2つの役割を担っている。図1-17にセパレータに求められる基本特性を示す[8,9]。電解液を保持するという観点から、まずは電解液に対する濡れ性が高く、十分な空隙を持っていることが必要である。また、正極と負極が物理的に接触して内部短絡が起こることを防ぐための高い機械的強度がなければならない。加えて、化学的に安定なことである。電解液と同様に正極と負極に接しながら用いられるため、電気化学的に酸化も還元もされにくいことが求められる。これらの要件に基づいて、リチウムイオン電池のセパレータにはポリエチレン（PE）やポリプロピレン（PP）からなるポリオレフィン製の微多孔膜が主に用いられ

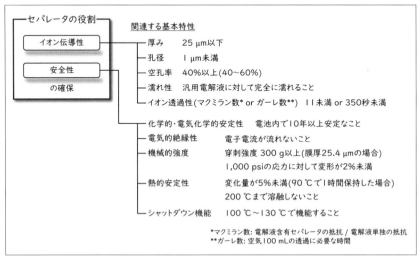

〔図1-17〕セパレータに求められる基本特性

ている（表1-5）[10]。電池の内部抵抗を小さくする観点からは薄いもの
が好ましいが、機械的強度との兼ね合いから 15 μm 程度の厚みのもの
が採用されている。微細孔の大きさは製法によって調整が可能であるが
主流は 20～100 nm である。負極が黒鉛などの炭素系材料の場合、充電
の末期には電極電位がリチウム金属の析出電位にかなり近づく。そのた
め、電池内で不均一な電流分布が生じると電位が局所的に降下してリチ
ウム金属が析出する場合がある。前述の通り、リチウム金属は数マイク
ロメートルの大きさでデンドライト状に析出するため、セパレータの孔
が大きいとそこを通じて正極に到達し、電池が短絡する。これを防止す
るためにサブマイクロメートル以下の微細孔が採用されている。実際、
孔のサイズが大きな不織布タイプのセパレータを用いると電池は非常に
短絡しやすくなる。ただし、負極に $Li_4Ti_5O_{12}$ のような高い電位で充電
される活物質を用いた場合はこの心配がなく、不織布であってもセパレ
ータとして十分に機能する。また、セパレータの微細孔は単純な貫通孔
ではなく屈曲した構造を取り、内部短絡の危険性が低くなるよう設計さ
れている。孔の大きさと分布は、充放電時の電流分布に関係するため、
いずれも均一であることが望ましい。特に大電流で充放電を行う電池で
は、電流分布が生じやすいため、セパレータ構造の均一性が重要になる。
セパレータに占める微多孔の体積割合、いわゆる空孔率は概ね 40% で
ある。イオン伝導性の観点からは空孔率の高い構造が好ましいが、シャ

〔表 1-5〕代表的なセパレータの特性

セパレータ	構成	母材	厚さ / μm	空孔率 / %	孔径(平均) / μm	穿刺強度 / g	マクミラン数（ガーレ数 / sec）	熱的寸法安定性 / %
Celgard 2320	3層	PP/PE/PP	20	39	0.027	~400	10±0.1 (530)	<5% 1h@105 ℃
Celgard 2325	3層	PP/PE/PP	25	39	0.028	~450	10±0.6 (645)	<5% 1h@90 ℃
Celgard 2500	単層	PP	25	55	0.064	~325	4.5±0.3 (200)	<5% 1h@90 ℃
Separion S240P30	単層	Al_2O_3/SiO_2 被覆PET	30	40	0.24	–	8.6±0.3 (150～300)	<1% 24h@200 ℃

- 27 -

ットダウン機能が効果的に働くようにそのような値に設計されている。この機能は微短絡が生じて電池が異常発熱した際に保護機能として働くもので、セパレータが熱収縮して微多孔が閉塞することで電池を不活性化し、発火や爆発へ至らないようにするものである。ポリエチレン製の微多孔膜は約100℃で収縮し、セパレータのシャットダウン機能の中心を担う。しかし、ポリエチレン一層からなるセパレータでは、熱で微多孔膜が閉塞した後に膜全体が収縮するため、最終的に大面積での短絡が起こってしまう。したがって、シャットダウン機能を備えるセパレータは熱的により安定なポリプロピレン微多孔層を組み合わせた二層あるいは三層の多層構造で形成されている。ポリエチレン層が収縮してもポリプロピレン層によってセパレータの形態安定性や機械的強度が担保される設計である。また、同様の観点から、アルミナなどの無機微粒子でコーティングされたセパレータが用いられている。無機微粒子のコーティングは正極側での耐酸化性を大きく高めることにもつながっている。熱的、機械的に優れたポリイミドやポリアミドなどのエンジニアリングプラスチックを基材やコーティング材料に用いたセパレータも開発されている。これらの高分子は極性官能基の導入が容易であり、電解液に対して優れた濡れ性を示す。粘度の高いイオン液体や高濃度電解液でも注液が可能である。

1.7　集電体

　電池と外部回路との間で電流のやり取りを担う部材が集電体である。集電体には電子伝導性に優れることはもちろんであるが、電池のエネルギー密度を高める観点から、加工性が良く薄膜化しても高い機械的強度を維持できることが求められる。また、リチウムイオン電池の正極と負極はそれぞれ高電位と低電位になるため、正極には酸化溶解しないもの、負極にはリチウムイオンの挿入（合金化反応）が起こらないものを選択しなければならない。これらの観点から、正極の集電体にはアルミニウム箔、負極の集電体には銅箔がそれぞれ用いられている。

1.7.1　正極の集電体

　ある金属が酸化溶解しやすいかどうかはその標準電極電位から推測することが可能である。代表的な金属材料の標準電極電位（E^0）および集電体として利用できる電位範囲を図1-18に示す[11]。E^0 が正であればあるほど酸化溶解が起こりにくく、リチウムイオン電池の正極に適用するためにはこの値が正極活物質の作動電位より正であることが求められる。金や白金はこの条件を満たし、良好な集電体として機能する。ただし、いずれも高価な貴金属であるため、電極活物質の評価用に用いることはできても実際の電池で用いることはできない。一方、実際に集電体として用いられているアルミニウムは標準電極電位が -1.68 V vs. SHE（vs. Li/Li$^+$ に換算すると 1.37 V）と低く、本来は容易に酸化溶解するはずである。このカラクリは表面バリア層の自発形成にある。標準電極電位が低いことからアルミニウムは反応性が非常に高い金属である。そのため、大気中の酸素や水分と容易に反応して酸化皮膜が自発的に形成さ

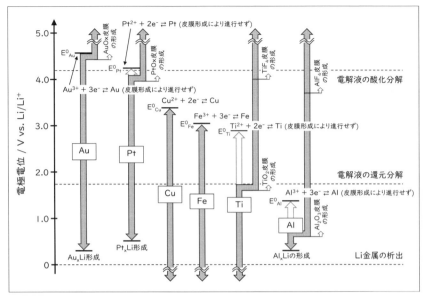

〔図1-18〕代表的な金属材料の標準電極電位と
集電体としての利用可能な電位範囲

れる（本書では人為的操作によって形成するあるいはされるものを被膜、
自発的に形成されるものを皮膜と区別して記載する）。この酸化皮膜は
アモルファスの酸化アルミニウムを主成分とする数 nm のバリア層とそ
の上に形成される数十 nm の多孔質なポーラス層からなる（図1-19）。こ
の皮膜の存在によって高い耐食性が付与されるため、酸化溶解が起こら
ずに正極の集電体として利用できるのである。また、万が一このバリア
膜が破壊されたとしても、アルミニウムは電解液中の $LiPF_6$ やその分解
で生じる微量の HF と反応して耐食性がさらに高いフッ化アルミニウム
皮膜を形成する。したがって、酸化溶解が進行することはない。酸化ア
ルミニウムもフッ化アルミニウムも絶縁性の化合物であるがここで形成
される皮膜はアモルファス状の薄膜であることから正極活物質と電子の
やり取りが可能になっていると考えられている。アルミニウム箔を正極

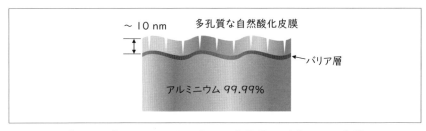

〔図 1-19〕アルミニウム表面に自発的に形成される皮膜

の集電体に利用できるのはこれらの自然に形成される皮膜の恩恵である。したがって、皮膜が不安定になる、あるいは上手く形成されない条件下では集電体としての利用が難しい。例えば、正極活物質が強アルカリ性を示す場合である。ニッケルを多く含む正極活物質がこれに該当する。pH が高くならないように電極スラリーの調製を工夫しなければアルミニウム集電箔上の皮膜が溶解して活物質粒子が剥離しやすくなり、サイクル安定性に乏しい電極となってしまう。また、リチウム塩に LiFSA や LiTFSA を用いた場合は HF が生成しないため、フッ化アルミニウム皮膜の自然形成は起こらず、アルミニウム箔は徐々に腐食される。その結果、充電時の電流に腐食電流が加算されることになり、充放電の可逆性が低下してしまう。特に高電位正極を用いた場合は電極電位の上昇に伴って腐食電流の寄与が大きくなるため、電極電位が目的の充電電位まで到達しないことがある。これらへの対策としてアルミニウム集電箔のカーボン被覆が挙げられる（図 1-20）。市販品もあるが、電極の塗工と同様に自分でカーボンスラリーを塗工して被覆することも可能である。

カーボン
塗工層　　　集電箔

〔図1-20〕カーボン被覆アルミニウム集電箔

1.7.2　負極の集電体

　負極は作動電位が十分に低いため、集電体が酸化溶解する心配は大きく軽減される。しかし一方で、リチウムイオンとの合金化反応を気にしなければならない（図1-21）[12]。正極の集電箔であるアルミニウムは約 0.3 V vs. Li/Li⁺ の電位からリチウムイオンとの合金化反応を起こす。この電位は黒鉛負極の作動電位より貴であるため、黒鉛へのリチウムイオンの挿入に優先して合金化が進行する。合金化に伴うアルミニウムの体積膨張率は 96% と他の合金系負極活物質と比べると小さいものの、この反応が起これば安定な集電体として用いることは難しい。相図を参考に汎用の金属の中で合金化反応を起こさないものを探してみると銅やチタンが挙げられる。チタンは値段が高く加工性が悪いこともあり、銅箔が負極の集電体として採用されている。アルミニウム集電箔の厚みは 15 μm 程度であるが、機械的強度が高い銅はさらに薄膜化が可能であり、負極の集電体にはその半分以下の厚みのものが用いられている。炭素系負極の電位は充電時には十分に低い値であるが、リチウムイオンが挿入

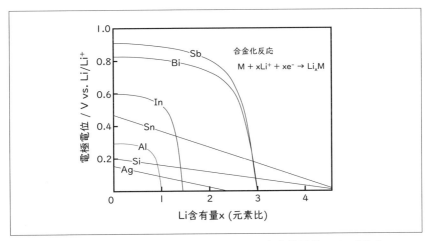

〔図1-21〕各金属のリチウムイオンとの合金化電位および組成

されていない初期状態では比較的に高い値となる。また、何かしらの不
良で電池が過放電されると、電位はさらに高い値を取る。そのような状
況では銅の酸化溶解が進行するため注意が必要である。溶解した銅が黒
鉛負極上に還元析出して、そこを起点にリチウム金属の析出が起こるた
めである。これは作動電位の低い炭素系負極活物質を用いる場合の注意
点であり、$Li_4Ti_5O_{12}$などの作動電位が高いものを用いる場合はリチウム
イオンとの合金化反応を心配する必要がないため、銅箔ではなくアルミ
ニウム箔を集電体に用いることができる。

参考文献

[1] Y. Miao et al., Current Li-Ion Battery Technologies in Electric Vehicles and
Opportunities for Advancements, energies, 12, 1074, 2019.

[2] C.M. Julien, A. Mauger, NCA, NCM811, and the Route to Ni-Richer
Lithium-Ion Batteries, energies, 13, 6363, 2020.

[3] K. Kanamura, H. Munakata, Y. Namiki, Phosphate Materials for

Rechargeable Battery Applications, Phosphorus Research Bulletin, 28, 030-036, 2013.

[4] M.M. Thackeray et al., Advances in manganese-oxide ʻcompositeʼ electrodes for lithium-ion batteries, Journal of Material Chemistry, 15, 2257-2267, 2005.

[5] T. Liu et al., Approaching theoretical specific capacity of iron-rich lithium iron silicate using graphene-incorporation and fluorine-doping, Journal of Materials Chemistry A, 10, 4006-4014, 2022.

[6] J. Landesfeind, H.A. Gasteiger, Temperature and Concentration Dependence of the Ionic Transport Properties of Lithium-Ion Battery Electrolytes, Journal of The Electrochemical Society, 166, A3079-A3097, 2019.

[7] P. Ghimire et at., アセテート類を含む電解液を用いるリチウムイオン電池用電解液の分解抑制, Electrochemistry, 73, 788-790, 2005.

[8] C.F.J. Francis, I.L. Kyratzis, A.S. Best, Lithium-Ion Battery Separators for Ionic-Liquid Electrolytes: A Review, Advanced Materials, 32, 1904205, 2020.

[9] S. Zhong et al., Recent progress in thin separators for upgraded lithium ion batteries, Energy Storage Materials 41, 805-841, 2021.

[10] J. Landesfeind et al., Tortuosity Determination of Battery Electrodes and Separators by Impedance Spectroscopy, Journal of The Electrochemical Society, 163, A1373-A1387, 2016.

[11] S.-T. Myung, Electrochemical behavior of current collectors for lithium batteries in non-aqueous alkyl carbonate solution and surface analysis by ToF-SIMS, Electrochimica Acta, 55, 288-297, 2009.

[12] 境 哲男, 4 電池材料の温故知新：古くて新しい負極材料, 合金系, Electrochemistry, 71, 723-728, 2003.

第2章

電極の作製

2.1 電極仕様の決定

　電極活物質は集電体の上に塗工され、リチウムイオン電池の正極ある
いは負極として用いられる。リチウムイオン電池の性能はそれらの電極
の電気化学特性を反映したものとなるため、目的とするエネルギー密度
や入出力特性を有するリチウムイオン電池を実現するためには適切な電
極設計が必要となる。その際に考慮すべき代表的な電極の特性として容
量、作動電位、レート特性、サイクル特性が挙げられる（図2-1）。市販
の電極を用いて電池を作製するのであればカタログ等に記載されている
これらの値を参考にすることができる。ただし、評価された条件が実際
に利用したい条件と異なる場合には少なからず違った結果となるため、
それぞれを自ら検証することが理想的である。また、電極活物質を購入
あるいは合成して電極の作製から取り組む場合には、試作と評価を重ね
ながら必要な電極仕様を達成していく必要がある。

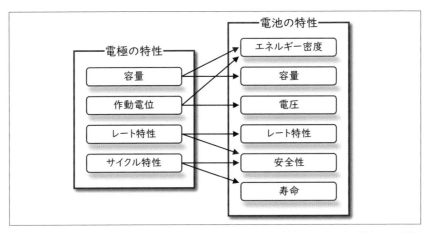

〔図2-1〕電池設計において考慮すべき代表的な電極の特性と電池の各特性との関係

2.1.1　容量、作動電位

　電極の容量は電池の容量を決定するものであり、どのようなサイズ感で電池を作製するかに関係する。この値は電極に含まれる電極活物質の量に電極活物質の容量密度を掛けることで求められる。作動電位は電極活物質の充放電反応が進行する電位である。電池の電圧には正極の作動電位と負極の作動電位の差が反映される。あくまで参考であるが、正極活物質の作動電位に容量密度を掛けた値を2で割ったものがその正極を用いたリチウムイオン電池で実現し得るエネルギー密度と概ね一致する。このような計算を行って電極や電池を設計していく際には、理論値ではなく実際に電極活物質や電極を利用する条件下でそれらが示す実効値を用いることが重要である。代表的な正極活物質である $LiCoO_2$ を例に挙げると、その理論容量密度は $LiCoO_2$ から Li^+ イオンが1つ引き抜かれる充電反応に基づき、96485 A sec mol^{-1}（ファラデー定数）×1 mol（Li^+ イオンの数）/97.87 g（$LiCoO_2$ のモル質量）で表される計算から 274 mA h g^{-1} と求められる。しかし、Li^+ イオンをすべて引き抜いてしまうと $LiCoO_2$ は結晶構造が不安定となり充放電を可逆的に行えなくなるため、理論値の半分の 140 mA h g^{-1} 程度が容量密度の実効値となる。この容量密度はアルミニウムなどの金属元素をドープして結晶構造を安定化すればより大きな値となるが、一方で結晶性が低いものではより小さな値となる。このように電極活物質や電極の仕様は組成が同じでも製造工程やロットが違えば異なる場合があるため、電極や電池の作製に取り組む前にその素性を正確に把握しておくことが重要である。

2.1.2　レート特性

　レート特性とは電流値を変えて充電あるいは放電を行った際に電極活

物質がどれだけの容量を維持できるかを示す指標であり、Cレートという表記を用いて表される。例えばLiCoO$_2$が5 mg cm^{-2}担持された電極の容量は140 mA h g^{-1}×5 mg cm^{-2}と計算され、0.70 mA h cm^{-2}と求められる。この容量を1時間で放電しきる電流密度である0.70 mA cm^{-2}が1Cレートである。10CレートはこのC10倍の電流密度であり、逆に1/10Cレートはこの1/10倍の電流密度に相当する。Cレートが高くなると、徐々に充放電反応に電子やイオンの伝導が間に合わなくなり、充電や放電で利用できる容量が小さくなる（図2-2）。レート特性に優れる電極活物質や電極は高いCレートでも容量を維持できるため、入出力特性が良好な電池を実現できる。レート特性は時間率という用語で表現される場合もある。Cレートの逆数に相当する値であり、例えば1/5Cレートは5時間率と表され、5時間で充電あるいは放電が完了する電流密度を意味する。Cレートも時間率も電極の容量を基準にした指標である。したがって、同じCレートや時間率であっても電流密度で表すと全く異なる値となる場合がある。そのため、それらの表記を用いずにより単純

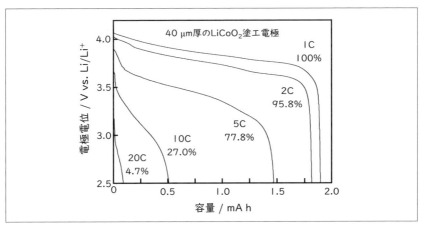

〔図2-2〕Cレートと容量維持率（1Cの容量を100％と定義）

に電流密度に対してどの程度の容量が維持されるかを示す場合も多い。

2.1.3　サイクル特性

　サイクル特性は電池の寿命に関連する電極の特性である。充放電反応を行うと少なからず電解液の分解や電極活物質の劣化が進行する。それに伴って電極の内部抵抗が増加すると充放電時の過電圧が大きくなるため規定の充電あるいは放電電位により早く到達することになる（図2-3）。その結果、利用できる電極の容量は減少する。充放電サイクルの経過に伴うこの電極容量の変化がサイクル特性である。充電容量に対する放電容量の差、いわゆる不可逆容量が小さければ余分な副反応の進行が少なく、電極は優れたサイクル特性を示す。電極活物質の種類と量が同じであっても電極の構造が不均一で充放電反応が円滑に進行しない場合はサイクル特性が低くなる傾向がある。サイクル特性は電解液の種類にも依存するため、それほど単純ではないが、この特性に優れた電極を用いることが長寿命なリチウムイオン電池の実現につながる。

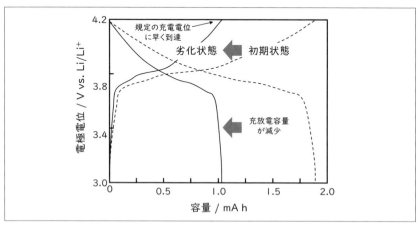

〔図2-3〕内部抵抗の増加（劣化）に伴う充放電容量の減少

2.2 構造と電気化学応答

　図 2-4 に示すように、電極は電極活物質、導電助剤（黒鉛負極は電子伝導性が良いため用いられない場合がある）、バインダーが三次元的な電子伝導ネットワークを形成した多孔質な構造からなる。ここに電解液が注入されるとイオン伝導のネットワークが追加され、最終的に電子とイオンの混合伝導マトリクスとして機能する。電子とイオンの両方が円滑に伝導するネットワーク構造の形成が理想的であり、これが電極内の電極活物質の利用率を高めることになる。電極の電気化学応答は主に電極活物質の特性を反映したものとなるが、そこには導電助剤やバインダーの影響も含まれる。さらには厚みや密度といった電極構造の影響も含まれるため、目的とする仕様の電極を得るためにはそれらの影響も加味しながら設計に取り組むことが求められる。

2.2.1 エネルギー密度とレート特性

　集電箔上に担持する電極活物質の量を増やせば、電極に占める集電箔

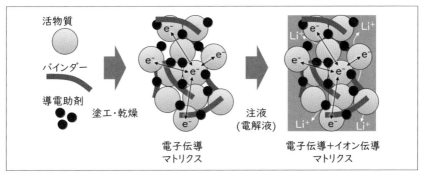

〔図 2-4〕電極の構成部材とネットワーク構造の形成

の比率が相対的に減少し、電極のエネルギー密度は向上する。しかし一方で、レート特性は図2-5に示すように低下する。これは電極活物質の増加に伴って電極が厚くなることで、充放電反応の進行時にリチウムイオンの移動が追いつかなくなるためである。実際、実用的な応答が得られる範囲を考慮すると、リチウムイオン電池の電極厚みは100 µm程度が限界である。電極をプレスして厚みを減らすこともできるが、その場合もレート特性の改善は難しい。これは電極が緻密になると電極内に占める電解液の割合が少なくなり、リチウムイオンの移動が困難になるためである。電極の充放電反応の速度は電子あるいはイオンのどちらかの移動で制限される。リチウムイオン電池の電極ではイオンの移動がその応答性を支配する主な要因となっている。これはリチウムイオン電池で用いられている有機電解液のイオン伝導性がそれほど高くないことに由来する。もし、リチウムイオン伝導性に優れた新しい電解液が見出されれば、より厚膜で高密度化された電極を用いても実用的な電気化学応答が得られるため、リチウムイオン電池のエネルギー密度を高めることが

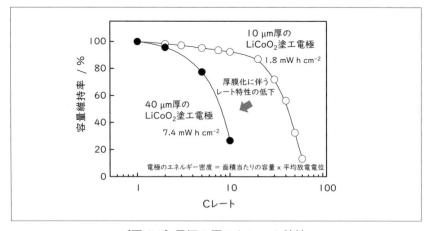

〔図2-5〕電極の厚みとレート特性

できる。このことは鉛蓄電池の電解液に用いられている硫酸水溶液を想定すると分かりやすい。この電解液はリチウムイオン電池の有機電解液に比べてイオン伝導性が数桁高い。そのため、鉛蓄電池の電極は数 mm の厚みであっても良好に動作する。

2.2.2 目的に応じた電極の設計

　電極の電気化学応答は電極活物質の担持量がある量を超えると極端に悪くなる。したがって、実用的な応答が得られる範囲で電極活物質の量は制御される。さらに電極のエネルギー密度とレート特性にはトレードオフの関係があるため、電池の用途に応じてエネルギー密度を優先すべきかレート特性を優先すべきかをしっかりと判断し、用途に適した電極を設計することが求められる。つまり、エネルギー密度が重視される用途では、適度なレート特性を確保しつつなるべく多くの電極活物質を担持した緻密な構造の電極を構築する必要がある。それに対して入出力特性が重視される用途では、エネルギー密度を多少犠牲にしてもリチウムイオンが円滑に移動できる多孔性に富む電極を作製する必要がある。実際、このような電極の作り分けによってリチウムイオン電池は様々な用途へ展開されている（図 2-6）。電池のための電極設計ではある程度の容量を確保しながら様々な検討を進めるが、より基礎的な段階にある電極活物質そのものの評価では電極の設計指針が全く異なる。すなわち、電極活物質の電気化学応答を正しく知ることが目的であれば、電極をなるべく薄く作製して厚みや密度といった構造に由来するイオン伝導の影響を極力排除することが求められる。この取り組みは特にレート特性を正しく評価する上で重要である。ただし、電極を薄くしても導電助剤やバインダーの影響は排除しきれないため、理想的には電極活物質の粒子1つを評価することが望ましい。マイクロプローブを備えた専用の設備が

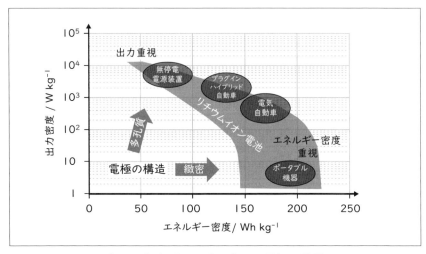

〔図 2-6〕各種の用途へ向けた電極の設計

必要になるが、単粒子測定という方法でそのような評価が可能である
[1,2]。少量の電極活物質を集電体に散布し、錠剤成形機などでプレスし
て評価に用いる方法もある。この方法は簡便であるが、集電体から電極
活物質が欠落しやすくその絶対量を把握することが難しい。そのため、
作動電位や充放電応答といった定性的な評価には有効であるが、電極活
物質の重量に基づく容量密度やレート特性といった定量的な電気化学パ
ラメータの導出にはあまり向いていない。

2.3 作製工程

電極は図2-7に示すように、電極スラリーの調製、塗工と乾燥、プレスと切り出しの工程を経て作製される。どのようなスケールで電極を作製するかによって使用する装置が異なってくるが、ここでは本書が念頭に置いている入門を踏まえてなるべく簡便な器具や装置を用いて電極を作製する方法を解説する。

2.3.1 電極スラリーの調製

電極スラリーの調製は電極作製における最初の工程であるが、最終的に得られる電極の電気化学特性に最も大きな影響を及ぼすため、特に注意して取り組む必要がある。基本的な方針は、電極内に反応分布が生じないように電極活物質、導電助剤、バインダーが溶媒に均一に分散したスラリーを得ることである。その上で粘度や保存特性といったスラリー自体の性質に加え、集電箔に対する濡れ性や乾燥時の凝集性といったそ

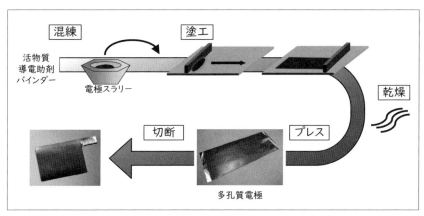

〔図2-7〕電極の作製工程

の後の工程も視野に入れた最適化を行っていく必要がある。電極スラリーは通常、図 2-8 に示すように電極活物質と導電助剤を乾式で混合した後にバインダーと溶媒を徐々に添加していく固練りという工程を経て調製される。一度にすべての材料を混合するのではなく、固形分濃度が高い状態から徐々に溶媒を添加し、目的とする固形分濃度や粘度を有するスラリーを調製する方法である。電極スラリーの組成が最終的に同じであっても固練りの工程を経ないものは保存特性に乏しかったり、塗工時に塗りムラが生じやすかったりと再現性の良い塗工が難しい場合がある。図 2-9 に固練りを行った電極スラリーと行っていない電極スラリーの流動曲線を示す [3]。流動曲線とは剪断速度に対する剪断応力の変化を表すものである。電極の塗工においては、剪断速度の増加に伴って剪断応力が直線的に変化し、且つその傾きが小さいことが好ましい。これは小さな力で電極スラリーをなめらかに塗工できることを意味する。さらに原点付近で剪断応力側に小さな切片を持つ応答が理想的である。これは塗工された電極スラリーが集電箔上に安定に固定されて流れ出さない

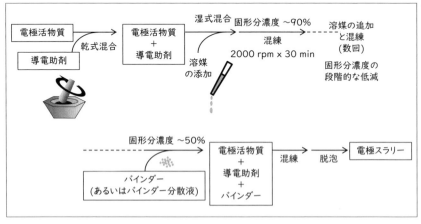

〔図 2-8〕固練り工程による電極スラリーの調製例

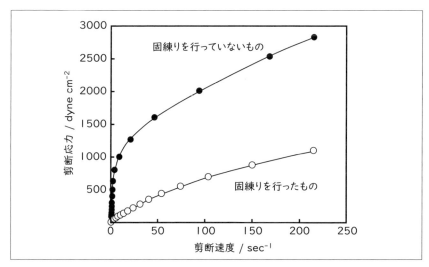

〔図2-9〕電極スラリーの流動曲線

ことを意味する。固練りの工程を経た電極スラリーはほぼこの応答を示す。しかし、固練りを行っていない電極スラリーは剪断応力に非常に大きな切片を持ち、さらに剪断速度に対する剪断応力の変化も剪断速度をかなり高めなければ直線的にならないことが分かる。大きな切片はある一定以上の力をかけないとスラリーが十分な流動性を示さないことを意味しており、塗りムラの原因となる。身近なものでは粘土や歯磨き用のペーストがこのような応答を示す。固練り工程は用いる電極活物質の種類によっても異なるが、丁寧に多段階で混練していくことが塗工性や保存特性に優れる電極スラリーを得る近道である。混練を手動で行う場合にはメノウ乳鉢が便利である。密閉しながら混練できないため、混練の過程で溶媒が少しずつ蒸発することに注意しなければならないが、試料量が少なくても混練が可能であることや、電極スラリーの状態を確認しながら進められるメリットがある。デメリットは人による個人差が出やすいため、高い再現性を確保することが難しい点である。あくまで経験

〔図2-10〕電極スラリーの外観

則であるが、調製した電極スラリーがマヨネーズのようになめらかで艶
を持っていれば分散は良好である（図2-10）。一方、艶がなくケチャップ
のような様子であれば凝集体が生じている可能性が高い。もちろん、凝
集体が含まれる電極スラリーであっても塗工は可能であるが、かすれや
スジといった不均一さが生じやすいことに留意しなければならない。機
械式の混練には様々な装置が用いられるが、簡便なものとして自転・公
転式のミキサーが広く用いられている。条件設定さえ間違わなければ個
人差なく高い再現性で目的の電極スラリーを調製できるため大変便利で
ある。ただし、遠心力を利用して分散・混練を行う装置であり、凝集し
た電極活物質を解砕する機能はないため、粒子径が小さく凝集しやすい
電極活物質には適さないことがある。補助的な対応であるが、混練容器
にジルコニアボールを数個入れて混練すると解砕に効果が見られる場合
がある。ただし、電極活物質が$LiCoO_2$のように層状構造を有するときは、
解砕によって結晶性が低下することがあるので注意しなければならない。

2.3.2　分散性の評価

　電極スラリーの善し悪しを判断する最も単純な方法は、集電箔へ塗工
してみることである。伸びが良くかすれが少なければ良好な分散性が確

保できていると考えられる。しかし、より定性的あるいは定量的にその評価を行うためにはしっかりとした分析を行うことが必要である。例えば、粒度分布測定から電極活物質や導電助剤の分散状態を判断できる。負極用の電極スラリーを想定して黒鉛粒子を水あるいは N- メチルピロリドンに添加した例を図 2-11 に示す。どちらのスラリーにおいても粒度分布曲線は黒鉛粒子の大きさを反映した 20 μm の位置に対称的なピークを示し、分散が良好であることが分かる。ここに導電助剤としてアセチレンブラックを添加すると N- メチルピロリドンを用いたスラリーでは粒度分布曲線の数 μm の位置にショルダーが現れる。第 1 章で説明

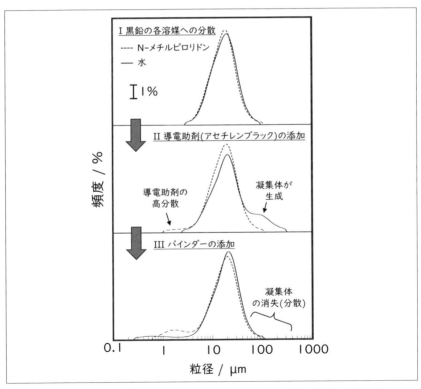

〔図2-11〕各分散媒を用いた黒鉛電極スラリー中の粒度分布変化

したとおり、アセチレンブラックの粒子自体は 40 nm 程度の大きさであるが通常はそれらが連結して数 μm の大きさの数珠状構造を作ることから、その挙動を良く反映した結果といえる。一方、水を用いたスラリーにアセチレンブラックを添加すると 100 μm の位置にショルダーが出現し、非常に大きな凝集体の形成が確認される。アセチレンブラックが疎水性であるためこのような凝集体が形成されるものと考えられる。この凝集体のピークは SBR バインダーと CMC を添加すると消失し、新たに数百 nm から数 μm の位置にブロードなピークが出現する。SBR バインダーと CMC がアセチレンブラックの分散を助け、凝集体の解消に効果的に働くこと示す結果である。このように水系スラリーにおける導電助剤の分散にはバインダーが大きな役割を担う。それに対して N- メチルピロリドンを用いたスラリーでは PVDF バインダーの有無にかかわらず一貫して分散は良好である。スラリーの安定性、いわゆる保存特性については粒度分布の経時変化からある程度推測が可能である。より単純にはスラリーを細めの試験管のようなガラスチューブに入れて目視で経時変化を調べることである。また、水系スラリーの評価に限られるが、スラリー中の粒子の帯電状態を明らかにすることも有効である。この評価はゼータ電位測定と呼ばれる。図 2-12 に上述の黒鉛粒子の水分散スラリーを評価した結果を示す。黒鉛粒子は水中で負に帯電することが分かる。同符号に帯電した粒子同士は静電的に反発し、その表面電荷が大きいほど反発も強まるため凝集しにくくスラリーは安定になる。黒鉛粒子のスラリーにアセチレンブラックを添加すると表面電荷が小さくなることが分かる。これはスラリーが不安定になることを意味する。一方、SBR バインダーと CMC を添加するとスラリー中の粒子はより負に帯電し、優れた保存特性が実現されることが分かる。

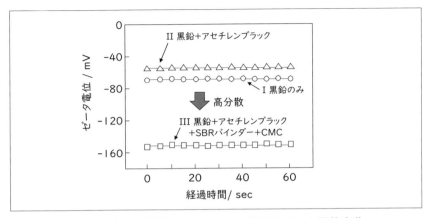

〔図 2-12〕水系電極スラリー中の粒子のゼータ電位変化

2.3.3　塗工と乾燥

　電極スラリーはダイヘッド式やコンマヘッド式などの各種のコーター
を用いて集電箔上へ塗工される。いずれも集電箔を一定の速度で送りな
がら電極スラリーを塗工する方法であり、電極スラリーが塗工された集
電箔はそのまま併設された乾燥炉へ導入されていく。このようなプロセ
スでリチウムイオン電池の電極は量産される。一方、少量の電極スラリ
ーを用いて電極を塗工する場合にはドクターブレードに代表される小型
のアプリケーターが用いられる（図 2-13）。この方式では集電箔ではな
くアプリケーターを動かして電極スラリーを塗工する。均一な塗膜を得
るためにはアプリケーターを一定の速度で動かす必要がある。そのため
アプリケーターの操作は手動ではなく機械式で行われるのが一般的であ
る。固形分濃度にも依存するが乾燥後に得られる塗工電極の厚みは電極
スラリーの塗工厚の約半分となる。電極の厚みは最終的にプレス工程を
経て決定されるが、所望のエネルギー密度やレート特性を有する電極を
得るためには塗工の段階からある程度の調整を図ることが好ましい。ア

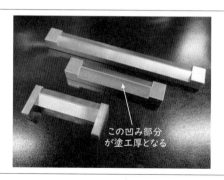

この凹み部分
が塗工厚となる

〔図2-13〕電極の塗工に用いられるアプリケーター

プリケーターがない場合には表面が平滑でたわみにくいステンレスのブロックや棒で代用することが可能である。集電箔の両端に平滑で堅いステンレスや樹脂などの板材を置き、その厚みをアプリケーターの塗工厚に見立てながらステンレスのブロックや棒をスライドして電極スラリーを塗布することで厚みの整った塗膜が得られる（図2-14）。類似の方法としてスクリーンプリント法も挙げられる。四角形あるいは円形に一部が切り抜かれた金属板を介して電極スラリーを塗工する方法であり、金属板の厚みに相当する塗膜が得られる。塗工を終えた集電箔はその後、熱風方式や赤外線加熱方式あるいは真空乾燥方式などの方法で乾燥される。この過程で電極スラリーに含まれる溶媒が除去され、電極スラリー中の固形分が集電箔上に固定される。電極内に残存する溶媒は電極や電池の性能を低下させるため、しっかりと除去しなければならない。ただし、高温での長時間乾燥は電極内のバインダーの凝集を招くことがあるため注意が必要である。バインダーの凝集が進むと集電箔に対する電極活物質の結着性が損なわれ、電極のサイクル特性が低下する。また、厚みのある塗膜を乾燥する際にはムラやひび割れが生じないように乾燥速度をよく考慮しなければならない。

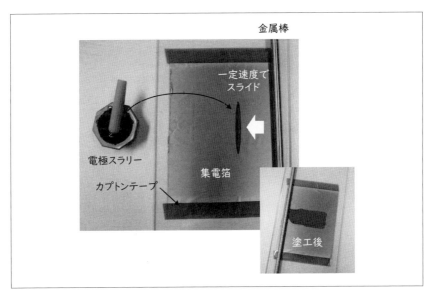

金属棒

一定速度で
スライド

電極スラリー

カプトンテープ

集電箔

塗工後

〔図 2-14〕簡易的な電極の塗工方法

2.3.4 プレスと切断

　乾燥を終えた電極はプレスされて所望の密度まで圧密化される。この圧密化は集電箔に対する電極活物質の結着性を高めるだけでなく、電極の体積エネルギー密度を高めることにもなる。ただし電極の密度が高くなると、電解液を含むための空隙が減少してリチウムイオンが伝導しにくくなるため、エネルギー密度とレート特性のバランスを考慮しながら適切なプレス条件を選定しなければならない。通常、電極のプレスにはロールプレス機が用いられる（図 2-15）。2 組のプレスロールの間に電極を通し、その間で圧力をかけることで電極を圧密化する方式である。プレスロールの直径が大きければ大きいほどプレスロールの曲率の影響が抑えられより平面的に電極をプレスできる。電極の厚みにばらつきがあると充放電反応が不均一に進行しやすく、電池の安定性や安全性が損

〔図2-15〕ロールプレス機

なわれる。特に電極を積層して用いる場合にはその影響が顕著となるた
め平滑性の確保がより重要になる。電極の圧密化にはプレス時の温度も
大きく影響するため、通常ロールプレス機には温度コントローラーが備
わっている。バインダーの物性を踏まえながら適切な温度を選択するこ
とが求められる。ロールプレス機がない場合には、打ち抜きポンチ等で
電極を打ち抜き、それを錠剤成形機などの簡便なプレス機でプレスする
方法が用いられる。電極の面積が大きくなると均一な圧力をその全面に
かけることが難しくなるため、この方法を適用できるのはコイン形など
の小型電池用の電極に限定される。プレスされた電極はロール状のもの
であればスリッターと呼ばれる電極の切断機に送られて任意の幅に切断
される。あるいはトムソン刃によって電池の形状に合った形に切断され
る。コイン電池用の小さな電極については専用の打ち抜き機や簡便に打
ち抜きポンチが用いられる（図2-16）。カッターナイフで目的の形状に
電極を切断することも可能だが、いずれの切断方法においても電極の切
断面にバリや欠けがないことが求められる。これらの欠陥は電池の安全

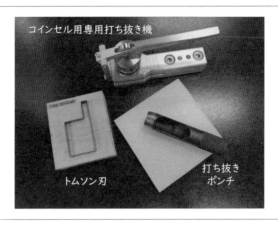

〔図2-16〕電極の打ち抜きに用いられる各打ち抜き治具

性を損ない、特にバリは内部短絡の主要な原因となるため注意しなければならない。このような切断刃を用いた方法に加え、最近はレーザーを用いた方法での電極切断も行われている。

2.4　電極構造の確認、評価

　電子とリチウムイオンの伝導性に優れ、充放電反応が均一に進行する電極を用いることが安全で長寿命なリチウムイオン電池の実現につながる。したがって、作製した電極の反応分布を可視化してその均一性を判断することが理想的である。しかし現時点ではそのような評価を直接行える方法がないため、いくつかの分析を組み合わせて電極の優劣を類推することになる。電気化学的な評価に関しては第3章で詳しく解説するため、ここでは構造観察に基づく電極の良否の判断を中心に述べる。電極はその中に含まれる電極活物質がすべて働くことを想定して用いられる。したがって一部の電極活物質が機能しない場合、残りの電極活物質は少なからず過充電や過放電されることになる。このような状況は電極の劣化を加速することになり、ひいては電池の安全性を損なうことになる。電極内に亀裂や凝集などの不均一性があるとその周辺の電極活物質は有効に機能しない。これは亀裂部分では電子伝導パスが途切れ、凝集部分では電解液の供給が不十分でイオン伝導性が悪くなるためである。図2-17は極端な例であるが、このような亀裂が電極内に認められる場合は電極の作製条件を見直す必要がある。図2-18は凝集体の存在を示

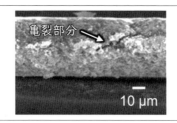

〔図2-17〕亀裂の存在による電極内の電子伝導パスの断絶

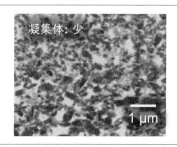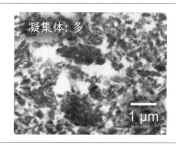

〔図 2-18〕 透過型電子顕微鏡を用いた電極の断面観察

す電子顕微鏡観察像である。電極活物質の粒子サイズが小さいと凝集体が生成しやすく、電極の構造も不均一になりやすい。凝集体が認められた場合も電極の作製条件を見直さなければならないが、電極活物質がそもそも凝集している場合には凝集体を事前に解砕して用いる必要がある。電極の表面観察ではこのような構造的欠陥の有無を判断することが難しいため、断面観察が有効である。エネルギー分散型蛍光 X 線分光（EDX）分析や電子エネルギー損失分光（EELS）分析の機能を備えた電子顕微鏡を用いれば、導電助剤やバインダーの分布を可視化することも可能である。良好なサイクル特性やそれに続く安全性を確保するためには、構造が均一な電極を用いて反応分布を抑える必要がある。したがって、電池を作製する前には少なくとも走査型電子顕微鏡を用いて電極の断面構造を観察すべきである。

参考文献

[1] H. Munakata et al., Evaluation of real performance of LiFePO$_4$ by using single particle technique, Journal of Power Sources, 217, 444-448, 2012.

[2] K. Kanamura et al., Electrochemical Evaluation of Active Materials for Lithium Ion Batteries by One (Single) Particle Measurement, Electrochemistry, 84,

759-765, 2016.

[3] G.-W. Lee et al., Effect of slurry preparation process on electrochemical performances of LiCoO$_2$ composite electrode, Journal of Power Sources, 195, 6049-6054, 2010.

第3章

電極の
電気化学特性評価

3.1　試験セルの構成

　正極と負極を組み合わせてリチウムイオン電池を組み立てる際には事前にそれらの電極がどのような電気化学特性を持っているかを正しく把握しておくことが求められる。これは正極と負極の電気化学応答のバランスが悪いと目的とする電池特性を実現できないだけでなく、電池の安全性が損なわれるためである。例えば正極の容量が負極に比べて大きいと、充電時に正極活物質から引き抜かれたリチウムイオンが負極活物質に入りきれずにリチウム金属として析出して大変危険である。各電極の電気化学特性は主にハーフセルと呼ばれる構成で評価される（図3-1）[1]。電池の研究分野では正極と負極のバランスを取って設計されたセル、いわゆる電池をフルセルと呼ぶことから、単極の評価を目的としたセルを区別してハーフセルと呼んでいる。その構成は評価したい電極を作用極とし、電流の通

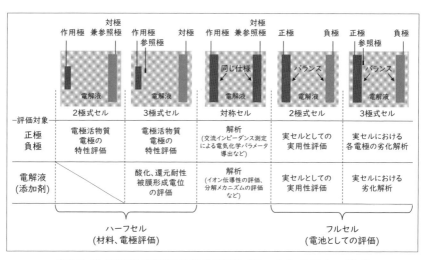

〔図3-1〕電極や電解液の特性評価に用いられる各セル構成

り道となる対極と電位の基準となる参照極を備えた一般的な電気化学測
定セルと同じである。リチウムイオン電池の電極評価では、通常、参照極
にリチウム金属が用いられる。これは有機電解液中で安定な電位を示すた
めである。また、リチウム金属は容量密度が 3861 mA h g^{-1} と非常に大きく、
作用極と同程度の大きさで対極に用いれば作用極側の充放電反応の影響
をほぼ受けないため、対極兼参照極として利用できる。したがって、多
くの評価はリチウム金属箔を負極に用いた簡便な 2 極式の構成で行われ
る。評価セルにはいくつかの形式があり、代表的なものとしてビーカー
セル、コインセル、ラミネートセルが挙げられる。ビーカーセルとラミ
ネートセルは 3 極式と 2 極式のどちらでも組み立てが可能だが、コイン
セルは特殊な治具を用いない限り 2 極式に限定される。各評価セルの特
徴をまとめたものを表 3-1 に示す。組み立てに必要な部材や機器を含め
てそれぞれ特徴が異なり、実際の電池における電極応答をより正確に抽
出するためにはなるべく想定する電池に近い形式で評価を行うことが好
ましい。また、これらの評価セルはアルゴンガスで満たされたグローブ
ボックスやドライルームなどの乾燥雰囲気下で組み立てられなければな
らない。これはセル内に水分が含まれると電解液の分解やガス発生の原
因となるためである。封止や密封が可能なセルは最終的に外の環境に取

〔表 3-1〕各評価セルの特徴

種類	評価形式			特徴	必要な装置類
ビーカーセル	2極式 3極式	× ×	ハーフ フル	電池材料としての可能性の検証が中心。電極の特性 評価にも用いられるが電解液量が多いためにガスの 発生などの電解液に由来する影響の判断は難しい。	特になし
コインセル	2極式	×	ハーフ フル	材料から電池としての評価まで広く用いられる。 ただしガス発生や外部圧力の影響の検証はできない。	コインカシメ機
ラミネートセル	2極式 3極式	× ×	ハーフ フル	電解液量や外部圧力の影響が顕著に現れる。 電極や電池の特性を実電池として評価可能。	真空シール装置 溶接機(多層積層)

り出して評価が可能だが、そうでないものは密閉治具を準備するかフランジを介してグローブボックス内へ導線を導入して内部で電気化学測定を行えるようにするなどの工夫が必要になる。

3.1.1 ビーカーセル

　ビーカーセルは最も単純な構成の評価セルである。図3-2に概略図を示す。セパレータを介して評価したい電極（作用極）に対向するように同じ大きさか若干大きめに切り出した対極を配置し、それらを有機電解液に対して安定なポリプロピレン板で挟んだものである。一番外側に半月状に切り出したポリプロピレンのブロックを入れているのは、ビーカー内に入れなければならない電解液量を減らすための工夫であり、これらがなくても測定上は全く問題ない。対極に容量が大きく電位が安定なリチウム金属を用いるのであれば参照極としても兼用できるため、このままの2極式の構成で測定が可能である。リチウム金属は粘着性があり金属材料と容易に合金を作る。そのため切断にはセラミック製のハサミやカッターナイフが便利である。切り出したリチウム金属の背面に短冊

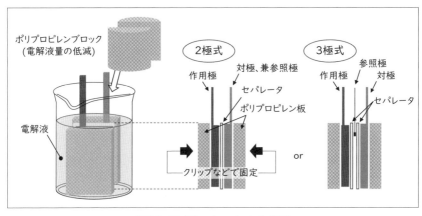

〔図3-2〕ビーカーセルの概略

状に切断した銅箔を接触させ、ポリプロピレン製のローラーなどで軽く
圧着すれば対極が簡便に得られる。同様に作用極も電極活物質が塗工さ
れた集電箔を短冊状に切断すれば良い。もし腐食等の懸念があり集電体
部分が電解液に接触することが気になるのであればカプトンテープを貼
って封止することでその影響を軽減できる。また、対極に別の材料を用
いるのであればその容量が作用極に対して十分に大きくなるように調節
しつつ、安定な電位を示す材料を導入して参照極として用いる必要があ
る。作用極の電位を正確に制御するためには参照極がその近傍に存在し
なければならず、例えば作用極と対極の間のセパレータを2枚に増やし
てその間に参照極を配置する方式が取られる。この方式では参照極のサ
イズを極力小さくして作用極と対極の間のリチウムイオンの拡散を妨げ
ないように配慮することが大切である。セパレータの枚数を2枚に増や
して試験を行う状況は、電極活物質の担持量が多く面積あたりの容量が
大きな電極を評価する場合にも当てはまる。但し、この場合は参照極の
導入を想定したものではなく、内部短絡の防止を意図したものである。
容量の大きな電極は充放電反応に伴う体積変化が大きく、対極との短絡
が起こりやすい。特に充放電反応にリチウム金属の析出が関わる場合は
それに拍車がかかるため注意が必要である。ビーカーセルには多くの電
解液が含まれるため、その枯渇に由来する電極特性の低下はほぼ無視で
きる。したがって、電極特性の低下は通常、作用極自体の劣化と判断さ
れる。しかし、容量の大きな電極の場合は短絡による劣化があり得るた
め、その点を少なからず検証すべきである。具体的には作用極が不良と
なった際に対極とセパレータを新しいものに交換し、作用極の試験を再
開してその劣化の有無を確認することである。ビーカーセルは実際の電
池の姿とかけ離れていることから、比較的短期間の単純な試験に主に用
いられる。もしある程度の長期の試験を行うのであればグローブボック

スの中に保管するとしても、有機電解液の蒸発を抑えつつ水分の混入を防ぐそれなりの工夫が必要になる。スナップカップの名称で市販されているガラス容器はビーカーと異なり注ぎ口がなく上面がフラットで密閉用の蓋を作りやすく便利である。そのような容器を用いてビーカーセルの密閉性をある程度の高めた後に簡易的ではあるが脱水用のモレキュラーシーブを入れたタイトボックス内で運用すれば信頼性を高めることができる。タイトボックスにはビーカーセルを入れたまま電気化学試験を行えるように事前に導線を導入しておけば良い。

3.1.2 コインセル

市販のコイン形電池と同じ形態で評価を行うのがこの方式である。ビーカーセルと同じように評価したい作用極に対してセパレータを介して対極を配置するが、2極式での評価であるため負極にはリチウム金属箔を用いることになる。コインセルの容器については市販の規格品があるのでそれを利用する。広く用いられているのは2032型や2016型と呼ばれる形式である。これらの形式は電池のサイズを意味している。例えば2032型は直径が20 mmで厚みが3.2 mmのコインセルを指す。コインセルの構成部材および組み立て方法を図3-3に示す。組み立ての手順は次の通りである。まず初めにケースの上に集電箔側が接触するように作用極を置く。次に作用極にセパレータを被せ、その上からガスケットをケースに填めて作用極とセパレータを固定する。電解液を滴下してセパレータ全体が濡れた状態になったら、対極のリチウム金属箔、スペーサー、板バネを順番に置き、最後にガスケットに上手く填まるようにキャップを被せる。指で押しながらガタつきがないことを確認し、専用のカシメ機を用いて封止する。この際にコインセルから余分な電解液が溢れ出る場合があるので良く拭き取る。長期間の試験や温度を上げた試験を

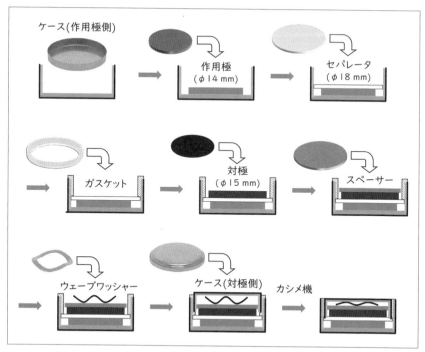

〔図 3-3〕コインセルの構成部材および組み立て方法

行う場合にはガスケット部分に封止材を塗ってコインセルの密閉性をさらに高める。これらの工程はフルセルを作製する場合も同じであり、作用極と対極をそれぞれ正極と負極に置き換えれば良い。コインセルの組み立てにおいてまず注意すべき点は作用極、セパレータ、対極の厚みである。これらの部材の厚みは板バネのたわみ度合いに反映され、コインセルの内部にかかる圧力を決定する。電極の電気化学応答は圧力によって少なからず影響を受けるため、いくつかの条件で比較試験を行う場合には部材の厚みをしっかりと把握し、必要に応じて同じ圧力がかかるように調整することが求められる。2032 型ではスペーサーを含めた部材の厚みが 1 mm を超えないと板バネが働かずに各部材がコインセルの内

部で固定されない。板バネの種類によってこの値が若干変わるとしても評価セルとして正しく機能させるためには同程度の厚みが必要であり、不足する場合にはより厚いスペーサーを用いたり枚数を増やしたりしなければならない。あるいは2016型などの厚み方向の距離がより短いコインセル部材を用いることになる。電極のサイズはスペーサーの直径より小さければ特に制限されない。ただし電極応答に及ぼす端面の影響を低減する観点からは大きい方が好ましく、且つ作用極に比べて対極を少し大きめにとる必要があることから、2032型や2016型のコインセルでは直径14 mmの作用極に直径15 mmの対極を組み合わせる例が多い。コインセルでは電解液の量にも注意が必要である。ビーカーセルに比べて電解液の量が絞られた状態であるため、電極応答にその分解や枯渇といった影響が現れやすい。したがって、作用極のみの応答に着目したいのか電解液の劣化も含めた評価を行いたいのかによって電解液の量を決定することが大切である。また、コインセルには集電用のタブがないため、評価装置に接続して試験を行う際には市販の電池ホルダーや簡単な治具（図3-4）を利用することになる。

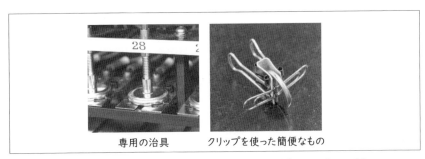

専用の治具　　クリップを使った簡便なもの

〔図 3-4〕 コインセル試験に用いられる電池ホルダーの例

3.1.3　ラミネートセル

　実際の電池に則した評価形態であり、パウチセルとも呼ばれる形式である（図 3-5）。電極の形や大きさを自由に設定できる点が大きな特徴である。他の評価セルと同じように作用極に対して対極を若干大きめに切り出し、セパレータを介してそれらが対向するように配置するが、両電極に集電用のタブリードを溶接する必要があるため、その部分を含めて電極を切り出す必要がある。通常は電極活物質が塗工されていない部分を溶接のためのタブに当たるように電極を切り出すが、十分なタブ長が取れない場合には電極活物質が担持されている部分から切り出し、その後タブに当たる部分の電極活物質を取り除いて用いる。図 3-6 に示すようにラミネートセルの対向する辺から作用極と対極のタブをそれぞれ取り出す構成と、同一辺から両電極のタブを取り出す構成の 2 種類でラミ

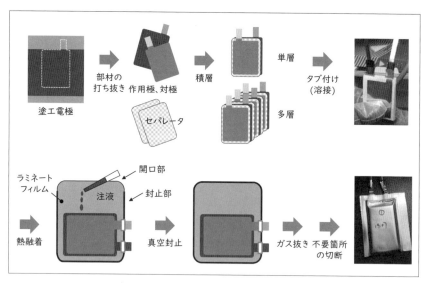

〔図 3-5〕ラミネートセルの作製手順

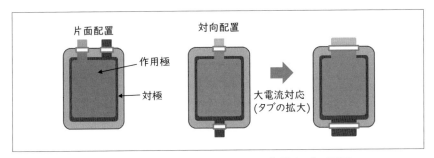

〔図 3-6〕ラミネートセルにおける集電タブの配置

ネートセルは作製される。電極の面積が大きくタブ部分に流れる電流が
大きくなる場合はオーム損と発熱を抑えるためにタブ幅を大きめに取る
必要がある。その場合、作用極と対極のタブが干渉しないようにタブの
配置は前者の構成となる。タブに溶接されるタブリードにはいくつかの
種類があり、アルミニウム箔を集電体とする電極にはアルミニウム製の
タブリードが用いられる。一方、銅箔を集電体とする電極にはニッケル
あるいはニッケルがめっきされた銅製のタブリードが用いられる。溶接
方法は溶接する電極の枚数によって異なる。市販されている電池のよう
に複数枚の積層された電極を接合する場合にはレーザー溶接や超音波溶
接が必要になるが、電極が 1 枚であれば簡便なスポット溶接を用いるこ
とができる。セパレータを介して配置されたタブリード付きの作用極と
対極をラミネートフィルムで挟み、タブリードが存在しないどこか 1 辺
を電解液の注液用に残して熱融着でしっかりと封止する。ラミネートフ
ィルムには水分やガスに対するバリア性が高い電池用のものを用いなけ
ればならない。また、厚みのあるタブリード部分はラミネートフィルム
との間に隙間ができやすいため、シーラントテープで別途補強した上で
熱融着を行う（図3-7）。シーラント付きのタブリードが販売されており、
それを利用すると便利である。所定量の電解液を注入した後に真空シー

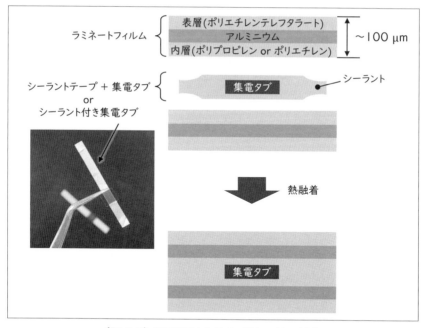

〔図3-7〕熱融着によるタブリードの封止

ルによって残りの1辺を封止してラミネートセルを完全に密封する。真空シールの際にラミネートセルに圧縮応力がかかり電極やセパレータが固定されるが、ビーカーセルやコインセルのように外部からしっかりと保持されるわけではないのでゴムシートを介してベークライト板や金属板で固定しておくことが望ましい。このとき加重を制御できる治具を用いれば、作用極の電気化学応答に及ぼす圧力の影響を知ることができる（図3-8）。ここでは2極式の構成で説明したが、ビーカーセルと同様に細いワイヤー状の電極を導入して参照極として用いれば3極式での評価も可能である。ラミネートセルを用いた試験の特徴は、電極の特性に及ぼす電解液の影響を実電池レベルで評価できる点にある。エネルギー密度を高めることを念頭に電極に対する電解液量をかなり絞った状態で評

板材を用いた簡便な固定

加重制御用の治具

〔図 3-8〕ラミネートセル用の荷重制御治具

価を行え、電解液が分解してガスが発生すればラミネートセルが膨らむ
ため、そのことを目視で容易に認識できる。電極に対してラミネート部
分を少し長めに取っておけば不良になった電極に再び電解液を注液して
封止することで試験を継続できることから、劣化応答が電極そのものに
由来するのか電解液の枯渇に由来するのかを判断しやすい。

3.2　電気化学測定

　電極活物質や電極の電気化学特性は様々な電気化学的手法を駆使して評価される。ここでは代表的な評価手法を取り上げ、その詳細を解説する。作製したハーフセルを電気化学装置に接続すると作用極は参照極に対してある電位を示す。これは開回路電位（OCP）と呼ばれる。開回路とは電流が流れない状態を意味し、温度や圧力などの外的要因に変化がない場合、ハーフセルの平衡状態を反映してOCPはある一定の値を示す。もしOCPが貴あるいは卑な電位へ徐々に変動するようであれば、何かしらの反応がハーフセル内で進行している可能性がある。また、電位の振れ幅が大きく且つ法則性なく変動するようであれば、何かしらの理由でハーフセルが絶縁されていることが考えられる。例えばセパレータへ電解液が染み込んでいないとこのような応答が得られる場合がある。ハーフセルの抵抗が電気化学装置の内部抵抗を超えており電位を正しく制御できない状態にあり、セルの構成を見直す必要がある。したがって、ハーフセルを作製したら、まずはそのOCPを確認し、各種の電気化学測定を進めて良いかを判断することが大切である。

3.2.1　サイクリックボルタンメトリー

　サイクリックボルタンメトリーとは作用極の電位を任意の電位範囲で掃引し、そのときに得られる電流応答を調べる方法である（図3-9）。電気化学の分析法として最も広く用いられている方法である。作用極の電位が指定の値に到達したら掃引方向を反転させるサイクリックボルタンメトリーに対して電位を一方向へのみ掃引する場合は区別してリニアスイープボルタンメトリーと呼ばれる。いずれもリチウムイオン電池の研究分野

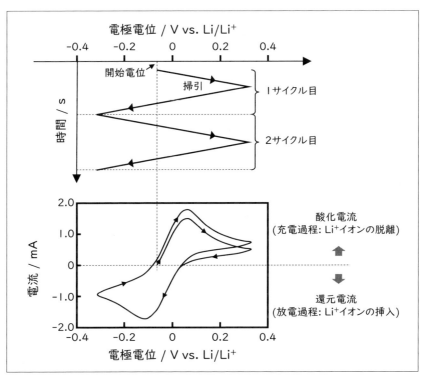

〔図 3-9〕サイクリックボルタンメトリーによる電極特性の評価

では、電極活物質の充放電特性を調べる目的よりはむしろ電解液の電気化学安定性（電位窓）を調べる方法として用いられている（図 3-10）。この場合、評価対象の電解液中で作用極の電位を $1\,mV\,s^{-1}$ 以下の速度で掃引し、電流が流れない範囲を電位窓として定義することが一般的である。高電位側の電解液の安定性を判断する場合は酸化溶解しにくく安定な白金を作用極に用いることが多いが、集電体の腐食も加味したい場合にはアルミニウムなどの集電体材料そのものを用いる（図 1-18）。低電位側については リチウムとの合金化反応を起こさない材料を作用極に用いる。一方、電極活物質の充放電特性を調べる場合には、リチウムイオンが滞りなく

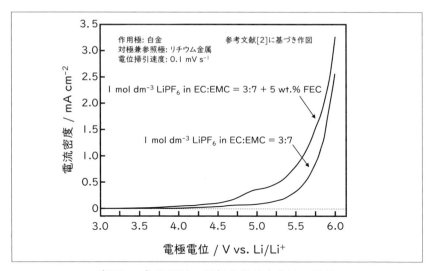

〔図 3-10〕電解液の電気化学的安定性の評価

拡散できる状況を構築する必要があり、基本的に評価対象は薄膜で活物質量が少ない電極に限定される。電位の掃引速度もさらに遅くする必要があり、0.1 mV s^{-1} 以下が推奨である。図 3-11 は LiCoO$_2$ 薄膜電極のサイクリックボルタモグラムである。掃引速度が 0.1 mV s^{-1} の場合にはリチウムイオンの脱離と挿入に由来する酸化ピークと還元ピークが良く分離されて観察される。しかし、掃引速度が速くなるにつれて各ピークはブロード化し、個別に識別することが難しくなる。このようにサイクリックボルタンメトリーの応答はリチウムイオンの拡散の影響を大変受けやすく、その応答を正しく評価することが難しい場合がある。充電容量はボルタモグラム中の充電に該当するピークを積分することで求められる。一方、放電容量は還元ピークの積分から求められる。横軸の電位を掃引速度で割ることで単位を時間へ換算できるため、積分された値はmA h の単位を持つことになる。また、負極活物質の評価おいては還元電流が充電、酸化電流が放電に該当し、正極活物質とは電流の符号が反

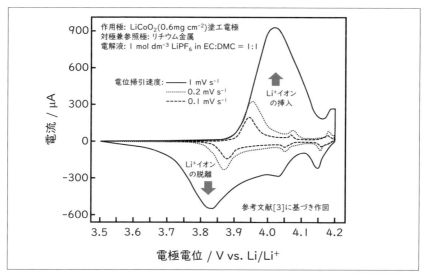

〔図 3-11〕LiCoO₂ 薄膜電極のサイクリックボルタモグラム

転するので混同しないように注意が必要である。

3.2.2　定電流充放電試験

　電池の研究開発において最も重要且つ基本となる評価方法である。実際の電池の利用形態に則した電極活物質や電極の電気化学特性を知ることができる。一定の電流を印加して時間あたりの充放電反応量を制御し、そのときの電位変化を明らかにすることが基本的な操作である。図 3-12 に代表的な2つの評価方式を示す。

　一定の電流で充電と放電を行う方式は定電流充電 - 定電流放電と呼ばれる。英語の constant current の頭文字を取って CC 充電 -CC 放電とも呼ばれる。正極活物質の場合は充電に伴って電極電位が上昇する。充電の終端となる上限電位をあらかじめ決めておき、電極電位がその電位に到達するまで一定の電流で充電を行う。上限電位を高く設定すれば大きな

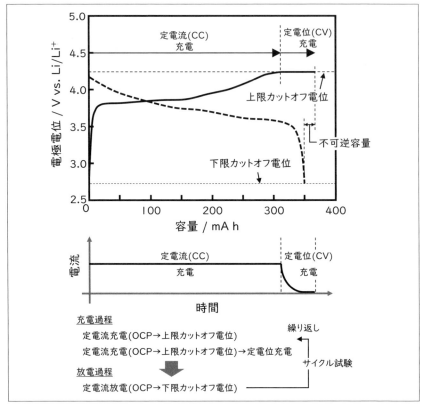

〔図3-12〕充放電試験のモード

充電容量が得られるが電解液や電極活物質の分解が加速されてサイクル
特性は悪くなる。反対に上限電位を低く設定すれば充電容量とサイクル
特性は逆の傾向を示す。これらのバランスを取って電極活物質の種類に
よるが $LiCoO_2$ や NMC の場合には上限電位を $4.2 \sim 4.3$ V vs. Li/Li$^+$ に設
定するのが一般的である。充電が完了した後はすぐに放電を行う場合と
開回路状態で一定時間維持する場合がある。後者の場合、電極の電位は
少し降下してある平衡電位に落ち着く。もし電位が安定せずに降下し続
ける場合は電解液の分解などの自己放電反応が進行していると考えられ

る。平衡状態にある電極に逆符号の一定電流を印加すると放電反応が進行し、電極活物質の特徴を反映した放電曲線が得られる。放電直後に認められる電位の低下はオーム損に基づく応答である。このオーム損を引き起こす抵抗にはハーフセル内の電子伝導とイオン伝導の両方の抵抗が含まれ、低下した電位分を電流値で割ることで概算できる。また、後述の交流インピーダンス測定を用いればこの抵抗値をより正確に求められる。放電は電極電位が放電の終端である下限電位に到達した時点で終了となる。下限電位を低くしすぎると電解液の還元分解や電極活物質の過放電につながるため、正極活物質の評価では $2.5 \sim 3.0$ V vs. Li/Li$^+$ に設定するのが普通である。この過程を充放電の1サイクルと呼ぶ。また、リチウムイオンを含有していない負極活物質の評価では、最初の充電反応がリチウムイオンを挿入する方向になるため、サイクリックボルタンメトリーの部分で記載したとおり、正極活物質の充電とは逆符号の還元電流を流すことになるため注意が必要である。この場合は充電側に下限電位、放電側に上限電位を設定する。下限電位についてはリチウム金属の析出電位を超えないように 0.005 V vs. Li/Li$^+$ 以上に設定しなければならない。充電容量は充電時の電流値に電極電位が充電終端電位に到達するまでの時間を掛けた値であり、単位を mA h とする実容量での表記やこの値を電極活物質の重量で割った mA h g^{-1} を単位とする規格化された値で示される。充電容量に対して放電容量の比を取ったものをクーロン効率と呼ぶ。また、充電容量と放電容量の差は不可逆容量と呼ばれる。両者は相関した値であり、クーロン効率については 100% に近い値が良く、不可逆容量については小さいほど良い。また、初期の放電容量を 100% と定義し、その後の充放電サイクルにおける容量変化を容量維持率といい、それがどのように推移するかを調べることで電極活物質や電極のサイクル安定性を推定できる。具体例として図 3-13 に LiCoO$_2$ 塗工電極の

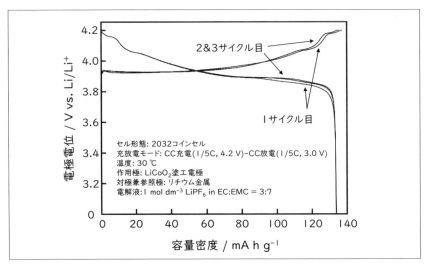

〔図 3-13〕LiCoO₂ 塗工電極の充放電曲線（CC 充電 -CC 放電）

CC 充電 -CC 放電を 1/5C のレートで 3 サイクル行った結果を示す。1 サイクル目で充電容量が放電容量に比べてほんの少し大きく現れるものの、それ以降は不可逆容量がほぼ認められず充放電曲線も一定の応答となることから可逆性が高いことが分かる。横軸が示す放電容量は 134 mA h g⁻¹ であり、充電終端を 4.2 V vs. Li/Li⁺ としたときに得られる理想値 140 mA h g⁻¹ に近い値が得られている。ここでは詳細を割愛するが充電および放電曲線にいくつかの電位平坦部（プラトー）が認められる。これらはリチウムイオンの脱挿入に伴う結晶構造の変化を反映したものであり、充放電曲線を詳しく解析すれば充放電の電位や容量に関する情報だけでなく、そのような電極活物質の細かな変化も捉えることができる。代表的な解析例に充放電曲線の容量変化を電位変化で微分した dQ/dV 値を電位 V に対してプロットする dQ/dV プロットが挙げられる。サイクリックボルタモグラムに相当する曲線が得られ、上述の結晶構造の変化や副反応の進行といった小さな変化をより明確に可視化できる。図 3-14 は電流値を

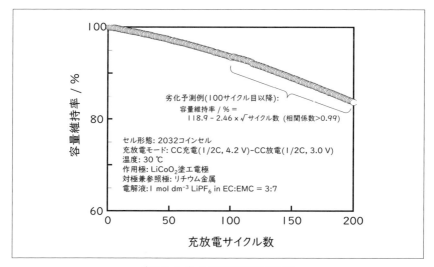

〔図3-14〕容量維持率の推移

1/2C レートに固定して CC 充電 -CC 放電を繰り返したときの LiCoO₂ 塗工電極の容量維持率である。リチウムイオン電池の寿命予測にルート則と呼ばれるものがある。サイクル数の 1/2 乗に対して容量劣化が比例関係を示すという経験則であるが、実際に良い一致を示すことから電極ひいては電池の寿命を予測する解析手法として用いられている。

　CC 充電 -CC 放電は簡便な評価方法であるが、定電流での充電、つまり CC 充電だけでは電極活物質を完全に充電できない場合がある。特に大きな電流値で充電を行った場合はその傾向が顕著となる。この点を補填する充電方法が定電流 - 定電位充電である。一定の電流で充電終端電位まで充電を行った後に電極電位をそのまま保持しながら継続して充電を行う方式である。この後続する充電は定電位の constant voltage の頭文字を取って CV 充電と呼ばれる。CV 充電の終端条件には電流値や時間が用いられ、電流値であれば CC 充電の電流値の 1/10 に設定されることが多い。つまり、CC 充電を 1C レートの電流値で行う場合、CV 充電

の終端条件は1/10Cレートとされる。また、高電位正極活物質の充電に
代表される電解液の分解反応が起こりやすい条件ではCV充電の電流値
が終端条件に到達しないことがあるため、一定時間でCV充電を停止す
るように二重に終端条件を設定することが多い。CC-CV充電によって
より満充電に近い状態まで充電された電極活物質は定常的な充放電の繰
り返しだけでなく、CC放電時の電流値を変えたレート特性の評価にも
用いられる。この評価から対象がどの程度の出力特性を有するかを知る
ことができる。同様に入力特性を調べたい場合は、CC-CV方式で完全
放電した電極活物質を対象に電流値を変えて充電方向のレート特性を評
価すれば良い。図3-15は満充電された$LiCoO_2$塗工電極を異なるCレ
ートで放電した結果である。放電のCレートが高くなると放電電位が
降下、いわゆる分極が大きくなりそれに伴って放電容量も減少する。
1Cレートまでは放電容量がほとんど減少しないものの、それ以上のC
レートになると放電容量の減少が顕著である。これはリチウムイオンの

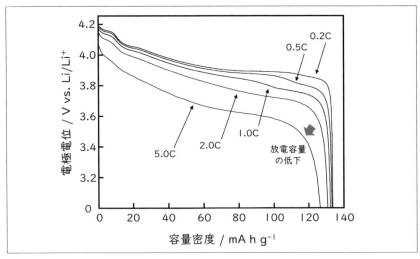

〔図3-15〕$LiCoO_2$塗工電極のレート特性

拡散が追いつかずに濃度過電圧の影響が大きくなっていることを示唆している。このようにレート特性の評価は電極活物質や電極に関する速度論的な知見を得る上で大変有効である。その他の充電方法としてフロート充電やトリクル充電と呼ばれる方法もあるがここでは用語のみを記載して詳細は割愛する。

3.2.3　交流インピーダンス測定

　電気化学インピーダンス（Electrochemical Impedance Spectroscopy, EIS）法とも呼ばれる。インピーダンス（Z, 単位は Ω）とは交流信号に対する電気抵抗を意味する。周波数を変えながら微小な交流信号を入力してそのときに得られる応答を解析する手法である。評価対象の電気化学パラメータを非破壊で導出できる点に大きな特徴がある。加えて、電荷移動や電解液のイオン伝導といった時定数（ある変化を加えたときに平衡に達するまでの緩和時間で値が小さいほど応答が速い）の異なる電気化学反応の各過程を分離して評価できるため、それらの変化を個別に知ることができる。リチウムイオン電池の研究分野では特に劣化診断に活用され、充放電サイクル試験に組み込まれる形で用いられる。ここでは電極活物質や電極の電気化学パラメータを導出する具体的な手順に焦点を当てて本手法を解説する。詳細な原理については専門書を参考されたい[4,5]。

　交流インピーダンス測定を行うためには、電位や電流を制御するポテンショガルバノスタットに正弦波信号を入力してその周波数応答を解析できる装置（Frequency Response Analyzer, FRA）を組み合わせる必要がある。FRA が内蔵されたポテンショガルバノスタットが販売されているのでそれを用いると簡単である。ポテンショガルバノスタットに評価したいハーフセルを接続して電位や電流を制御する際に正弦波の交流成分を重畳して印加することでそのインピーダンスを求めることができ

る。このとき交流成分の周波数を変えることでインピーダンスの周波数
応答性を知ることができる。電位を制御、つまりハーフセルの電位をあ
る値に設定してそこへ電位の正弦波を重畳すると、その分極状態（電位）
を反映した電気化学パラメータを導出できる。一方、電流制御下でこの
測定を行うと電流値すなわち反応速度が規定された状態の電気化学パラ
メータを導出できる。重畳する交流成分は電位であっても電流であって
も構わないが非破壊で試験を行うためにはその振幅が微小でなければな
らない。例えば、電位を制御して評価を行う場合、交流振幅を $10\ \mathrm{mV}$
以下に設定する。この測定で明らかになるハーフセルのインピーダンス
は複素量であり、その実数成分と虚数成分はそれぞれレジスタンス（R
あるいは Z’, 単位は Ω）とリアクタンス（X あるいは Z’’, 単位は Ω）と
呼ばれる（図 3-16）。レジスタンスは直流と交流の両方に応答する抵抗
成分であり、リアクタンスは交流にのみ応答する抵抗成分である。リア
クタンスとは周波数によって変化する成分であり、電気化学的な回路で

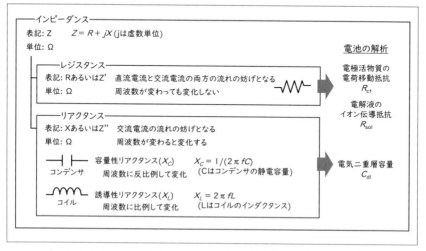

〔図 3-16〕交流インピーダンス測定で得られる信号とその成分

いうと電極の表面にイオンが吸着して形成される電気二重層（コンデンサー成分）が該当する。各周波数で得られたレジスタンスとリアクタンスの関係をプロットしたものはNyquist線図あるいはCole-Coleプロットと呼ばれる（横軸にレジスタンス、縦軸にリアクタンスを取ったもの）。このプロットに充放電反応に関係する各電気化学過程を考慮して決定した等価回路をフィッティングすることで各過程がどのような物理量を持つかを推定できる。

　図3-17はハーフセルの等価回路を簡単に示したものである。2極式のハーフセルの場合、作用極だけでなく対極側も含めたすべての回路成分がNyquist線図に反映されることになる。一方、3極式の場合はNyquist線図に反映される回路成分は参照極が置かれた位置から作用極までとなるため解析がより簡単である。図3-17中のセパレータと作用極の間に参照極が配置されたハーフセルの等価回路から得られる典型的なNyquist

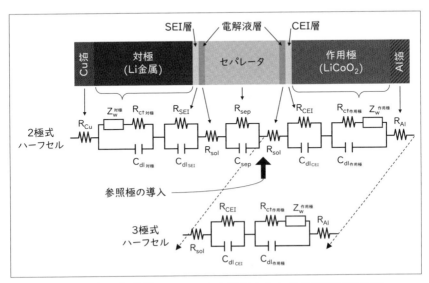

〔図3-17〕電気化学パラメータを導出するための等価回路の例

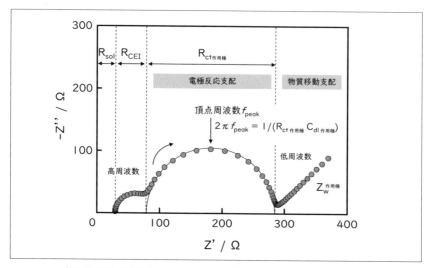

〔図3-18〕3極式ハーフセルで得られるNyquist線図の例

線図を図3-18に示す。電解液／電極界面の応答を表す最も簡単な等価
回路はRandles回路と呼ばれ、作用極の電気二重層容量（C_{dl}）、電荷移
動抵抗（R_{ct}）、ワールブルグインピーダンス（Z_w）からなる並列回路に電
解液の抵抗（R_{sol}）が直列に接続された形で表される。ワールブルグイン
ピーダンスとは反応物の拡散に由来する抵抗（拡散律速時の拡散抵抗）
であり、リチウムイオン電池のハーフセルにおいては通常、電極活物質
内のリチウムイオンの拡散を反映したものとなる。ここでは電解液の分
解で電極の表面に形成される被膜成分も考慮し、電解液と電極活物質の
回路の間に被膜に由来する抵抗（R_{CEI}）と電気二重層容量（$C_{dl\,CEI}$）の並列
回路を含む等価回路の応答を示した。交流信号の周波数を高周波数から
低周波数へ掃引すると始点をR_{sol}とする直径R_{CEI}の半円が現れ、それに
続いて直径R_{ct}の半円とZ_wに由来する傾き45°の直線がインピーダンス
応答として得られる。ここからR_{sol}、R_{CEI}、R_{ct}の値をそれぞれ知ること
ができる。また、半円の頂点の周波数f_{peak}は$2\pi f_{peak}=\omega_{max}=1/(RC)$の関

係を持つのでここから各成分の時定数 τ=RC を求めることができる。時定数は電極の面積や厚みに左右されない各成分に固有の値である。したがってフルセルに用いる正極活物質と負極活物質、さらにはそれらの表面に形成される被膜の時定数を事前に調べておくとフルセルの複雑なインピーダンス応答の解析が容易になる。図 3-19 は直径 20 μm の $LiCoO_2$ 粒子のインピーダンス測定結果である。充放電を繰り返すと半円が大きくなり電荷移動抵抗が増加することが分かる。また、半円が少しつぶれた形状へと変化し、高周波数側にショルダーが出現する。これは電極活物質の表面に形成される被膜（CEI）成分の影響である。被膜と電極活物質の時定数が大きく異なっていれば、インピーダンス応答は図 3-18 に示したように R_{CEI} と R_{ct} の大きさを持つ 2 つの半円として現れる。しかし、そうでなければ一部が重複してこのようなショルダーを持った半円の応答となる。円弧が分離されて観察される目安は時定数に 2

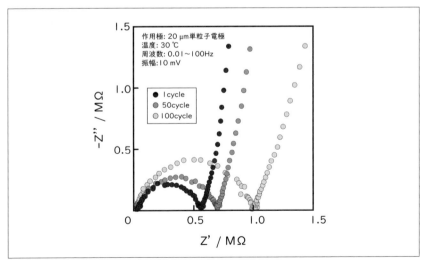

〔図 3-19〕$LiCoO_2$ 粒子のインピーダンス測定結果
（1, 50, 100 サイクル試験後に測定）

桁以上の差があることであり、もし等価回路の構成成分が同じ時定数を
持っていた場合、原理上それらは分離できなくなる。電極活物質の粒子
1つや薄膜電極と違い、実際に電池で用いられる電極は多孔質であり、
いくつもの電極活物質粒子が直列あるいは並列に複雑に接続された構造
を取る。例えばセパレータ近傍の電極活物質粒子と集電箔近傍の電極活
物質粒子を比べると、それらの粒子に対する溶液抵抗 R_{sol} は異なった値
を取る。その結果、異なる始点から各半円が現れ、それらが重複するた
めに最終的に得られる半円はつぶれた形になる。図3-20に示す伝送線
モデルはこのような多孔質電極の複雑なインピーダンス応答を解析する
際に用いられる。つぶれた半円に対して簡便にフィッティングを行う方
法としてコンスタントフェーズエレメント（Constant Phase Element,
CPE）という構成要素を等価回路に導入する例が多く報告されている。
CPE は抵抗成分 R に対して並列回路を構成するように導入され、疑似
容量の定数 T と指数 n(0〜1) を用いて $Z_{CPE} = 1 / T(j\omega)^n$ あるいは $Z_{CPE} = 1/T(j2\pi f)^n$ と表される（図3-21）。n が1のとき T はキャパシタンス C に
対応し、インピーダンス応答は半円を描くことになる。一方 n が小さな

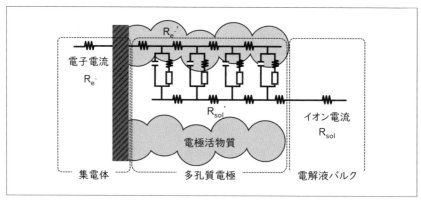

〔図3-20〕多孔質電極のインピーダンス応答の解析に用いられる伝送線モデル

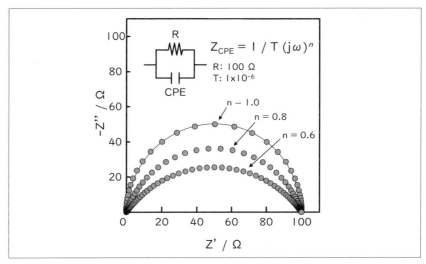

〔図3-21〕コンスタントフェーズエレメント（CPE）の導入と
パラメータ n の円弧への影響

値になるにつれて半円はつぶれた形となる。CPE を用いることで実験
結果に良く一致するフィッティング曲線を描くことが可能となり、等価
回路を構成する各要素の電気化学パラメータを導出し易くなるが、CPE
の T や n に明確な物理的意味があるわけではないため安易に用いるこ
とは避けるべきである。インピーダンス応答の解析には Bode 線図と呼
ばれる作図も大変有効である。横軸に周波数 f の対数を、縦軸にインピ
ーダンスの絶対値の対数と位相差を取ったもので測定対象の周波数応答
を直感的に理解し、等価回路がどのような成分で構成されているかを類
推するのに便利である（図 3-22）。

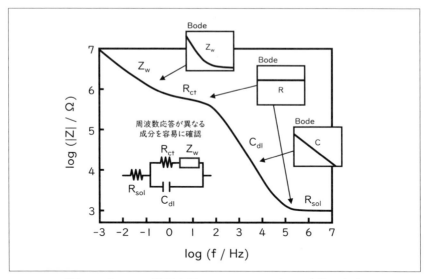

〔図 3-22〕Bode 線図を用いたインピーダンス応答の解析

3.2.4　定電流間欠滴定法

　Galvanostatic Intermittent Titration Technique の頭文字を取って GITT 法とも呼ばれる。電極に一定の電流を印加した後に回路を遮断（開回路状態）し、電位がどのような時間応答を示すかを調べる方法である。電極活物質粒子内のリチウムイオンの拡散係数を導くことができる。ここでは正極活物質の評価を例にその手順を説明する。図 3-23 に示すように充電方向へ一定の電流を印加すると電極の電位は急な上昇を示した後に緩やかに上昇する。前者はオーム損（電解液の抵抗 R_{sol}（厳密には集電体部分の電子伝導抵抗も含まれる）と充電反応の電荷移動抵抗 R_{ct} の和）に基づく応答であり、後者はリチウムイオンの拡散抵抗に基づく応答である。その後、電流を遮断すると電極の電位は逆の応答、つまりオーム損に基づく急激な低下とリチウムイオンの拡散に基づく緩やかな低下を経て平衡

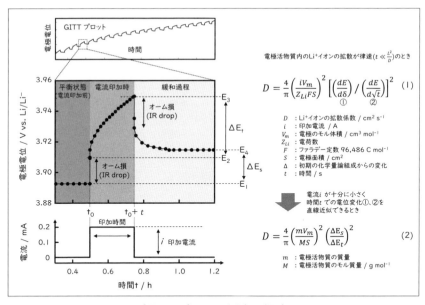

〔図3-23〕GITT測定の概略

電位へ至る。このときの時間の1/2乗に対する電位の減衰$dE/d\sqrt{t}$は、リチウムイオンの拡散係数Dと図3-23の式（1）の関係を持つ。印加した電流が小さくその時間も短ければ時間の1/2乗に対する電位の減衰は良好な直線関係を示し、より簡単な式（2）の関係からDを求めることができる（式（1）の①項をΔE_s、②項をΔE_tとして取り扱える）。1/10Cレートで10分程度の電流を印加するのが目安である。緩和時間に関しては電極の容量によって大きく変化し、1時間程度で十分に電位変化が落ち着くものもあれば10時間を要するものもある。規定の充電容量や電位に到達するまでこの操作を繰り返していけば各充電率におけるリチウムイオンの拡散係数を細かく調べることが可能である。同様の操作を放電過程でも行えば充電方向と放電方向でリチウムイオンの拡散係数にどの程度のヒステリシスがあるかを知ることができる[6]。但し、LiFePO$_4$

に代表される2相共存状態で充放電反応が進行するタイプの電極活物質については、拡散だけでなく2相境界の変化によってもリチウムイオンが移動するため単純に本手法を適用できないことに注意しなければならない [7,8]。ここでは詳細を割愛するが類似の方法に電位をステップさせる定電位間欠滴定法（Potentiostatic Intermittent Titration Technique, PITT）があり、この方法でもリチウムイオンの拡散係数を導出できる。

3.2.5　直流法と交流法の選択

　電極活物質や電極の電気化学パラメータを正しく導くためには用いる電気化学測定の原理を良く理解し、適用できる範囲や得られる結果の妥当性を知っておかなければならない。ここまでに紹介したものを含めて電気化学的な評価方法は交流法か直流法かのいずれかに分類される。特徴を簡単にまとめると、周波数に対する電気化学応答を調べるものが交流法であり、時間に対する電気化学応答を調べるものが直流法である。交流法には電気化学パラメータを非破壊で導出できる利便性があるが、電位と電流が線形的な相関を示す条件下でしか利用できない制限がある（図3-24）。そのため何かしらの反応が進行して電流が流れる状態の評価には向いていない。印加する交流信号もなるべく電流が流れないように振幅を小さく抑える必要がある。例えば電位の正弦波を入力するのであれば 10 mV 以下に振幅を設定するのが一般的である。いわゆる定常状態にあることが求められるため、リチウムイオン電池の評価では OCP の条件下で主に測定が行われる。イオン伝導性が低い固体電解質やそれを含むセルの評価では振幅が小さいと十分な電気化学応答が得られないため、振幅を 50 mV 程度に大きくすることがあるが、その場合も電位と電流が線形的な相関を示す範囲から逸脱していないことを意識して振幅を設定することが大切である。このように交流法で得た電気化

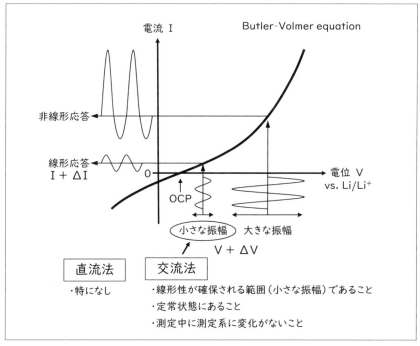

〔図 3-24〕交流法と直流法の適用範囲

学パラメータはかなり限定された条件におけるものであることを認識すべきである。一方、直流法での評価には特に電流に対する制限がないため、電池を運用する実際の条件で電気化学パラメータを導出できるメリットがある。ただし交流法と異なり、評価の過程で少なからず電流が流れるため時間に対して不可逆的な変化が生じ、C レートが大きい条件ほど単位時間当たりに大きな変化を伴う。

図 3-25 は交流法と直流法で測定した電解液のイオン伝導性の比較である。交流法で求められるイオン伝導性は電流密度が 0 の状況で得られる値に相当する[9,10,11]。一方、直流法で求められるイオン伝導性はそれぞれの電流密度における実際の値である。ここに示した 0.05 mA cm^{-2} か

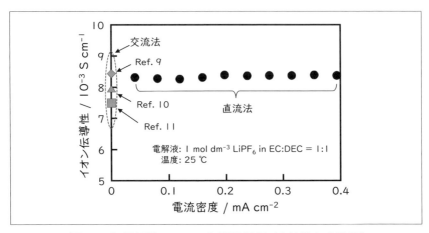

〔図 3-25〕電解液のイオン伝導性評価（交流法と直流法）

ら 0.40 mA cm⁻² の電流密度範囲では特に電流密度に対する依存性は認められないが、電流密度がさらに大きくなればリチウムイオンの拡散が追いつかない状況が発生する。特に多孔質電極の内部ではリチウムイオンの拡散がより制限されるため、その閾値となる電流密度はさらに小さくなる。実際、電極の速度論的な電気化学応答は概ねその内部に含まれる電解液相のリチウムイオン伝導性に支配されるため、電流密度の大きな条件で電池の運用を想定する場合は交流法だけでなく相当する電流密度の直流法でイオンが十分に伝導し得るかを明らかにしておくことが重要である。電極内の物質拡散に関係するパラメータとしては電極活物質粒子内のリチウムイオンの拡散も挙げられる。この値も交流法と直流法の両方から求めることが可能だが、同様の観点から実際にリチウムイオンの濃度分布を発生させてその緩和を調べる直流法での評価が好ましいといえる。既に示した GITT 測定がこれに該当する。交流法とは、交流インピーダンス測定のワールブルグインピーダンスの応答から拡散係数を求める方法であるが、実験結果のフィッティングに CPE を含む等価回

路が用いられる例が多く導出の妥当性を判断しかねるため、本書では詳細を割愛する。ここで述べたように電極活物質や電極が同じであっても測定法の種類や条件あるいは解析方法によって得られる電気化学パラメータの値が異なる可能性がある。充電深度（State Of Charge, SOC）や放電方向から状態を捉えた放電深度（Depth Of Discharge, DOD）という指標で表される電極活物質の平衡状態も電気化学パラメータに大きな影響を及ぼす要素である。したがって、電気化学パラメータを議論する際には、付随するそれらの情報を含めて比較や検討を行う必要がある。

参考文献

[1] R. Nölle et al., A reality check and tutorial on electrochemical characterization of battery cell materials: How to choose the appropriate cell setup, Materials Today, 32, 131-146, 2020.

[2] L. Wang et al., Improving the rate performance and stability of $LiNi_{0.6}Co_{0.2}Mn_{0.2}O_2$ in high voltage lithium-ion battery by using fluoroethylene carbonate as electrolyte additive, Ionics, 24, 3337-3346, 2018.

[3] S.Y. Vassiliev et al., Kinetic analysis of lithium intercalating systems: cyclic voltammetry, Electrochimica Acta, 190, 1087-1099, 2016.

[4] 板垣昌幸（著），電気化学インピーダンス法 原理・測定・解析（丸善），2008.

[5] 城間 純（著），桑畑進，松本 一（監修），電気化学インピーダンス 数式と計算で理解する基礎理論（化学同人），2019

[6] M.A.A. Mohamed, Tuning the electrochemical properties by anionic substitution of Li-rich antiperovskite $(Li_2Fe)S1-xSexO$ cathodes for Li-ion batteries, Journal of Material Chemistry A, 9, 23095-23105, 2021.

[7] Y. Zhu, C. Wang, Galvanostatic Intermittent Titration Technique for Phase-Transformation Electrodes, Journal of Physical Chemistry C, 114, 2830-2841, 2010.

[8] M. Ma et al., Characterization of Li Diffusion and Solid Electrolyte Interface for $Li_4Ti_5O_{12}$ Electrode Cycled with an Organosilicon Additive Electrolyte, Journal of The Electrochemical Society, 167, 110549, 2020.

[9] J. Landesfeind et al., Transport Limitations in Binary Electrolytes: EC-Free Solvents and $NaPF_6$ Vs. $LiPF_6$ Salts, ECS Meeting Abstracts, MA2017-01, 211, 2017.

[10] H. Lundgren, M. Behm, G. Lindbergh, Journal of The Electrochemical Society, 162, A415-A420, 2015.

[11] Product Data Sheet, Targray DMMP Electrolyte Solution Rev C, 2013.

第4章

電池の設計、試作と評価

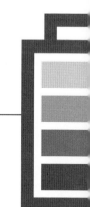

4.1　用途と必要性能

　リチウムイオン電池の用途は多岐にわたり、各用途に応じてその性能
が設計されている（図4-1）。容量、電圧、エネルギー密度、入出力特性、
充放電サイクル特性（寿命）、保存特性、安全性、温度特性など、設計
の対象となる電池特性は様々である。すべての特性に優れていることが
理想的であるが、一部の特性は相反する関係にあり両立が難しいものも
ある。例えば、第2章で述べたエネルギー密度と入出力特性の関係であ
る。したがって、目的の用途に最も適するように優先すべき特性を中心
に各特性のバランスを取る必要がある。モビリティー用の電池では、通
常、航続距離に直結する容量とエネルギー密度が重視される。しかし、
電池とモーターのみで駆動する電気自動車に比べて、エンジン駆動とモ

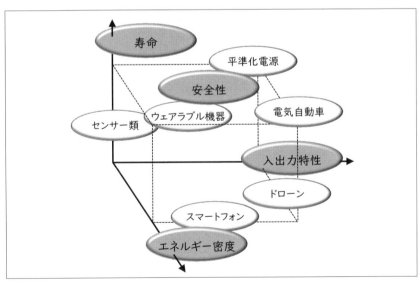

〔図 4-1〕各用途に応じたリチウムイオン電池の設計

ーター駆動を組み合わせるハイブリッド自動車では燃費を高める観点から電池の入出力特性がより重視される。スマートフォン用途であれば、かつては使用可能な時間に直結する容量と小型化のためのエネルギー密度が重視されていたが、最近ではモバイルバッテリーの普及も相まって様々な場面で常日頃から充電できるようになったため、充電時間を短くするための入力特性も重視されている。一方、同じ小型の電子機器でもスマートウォッチのようなウェアラブル端末になると安全性が最も重要になる。電池の寿命については各機器の使用（買い替え）期間を想定して定められる。したがって、スマートフォンであれば3年程度、自動車用途であれば10年程度が求められる。このように用途によって重視される特性や要求項目が大きく異なるため、オールマイティなリチウムイオン電池は存在せず、各用途に合わせて仕様を決める必要がある。

4.2 正極と負極の組み合わせ、フルセルの作製

　電池、いわゆるフルセルの構成は基本的に2極式のハーフセルと同じである。ただし、電極の組み合わせは作用極と対極から正極と負極へ変わり、得られる電気化学応答も正極と負極のどちらか悪い方の特性に支配されることになる（図4-2）。ハーフセルの場合は平衡状態を表す指標に電位が用いられる。この値は参照極に対する絶対的な値である。一方、フルセルの場合は電圧が状態を表す指標となる。この値は正極と負極の電位差であり、あくまで相対的な指標であるため、各電極がどのような平衡状態にあるかを単純に判断できない点に注意が必要である。したがっ

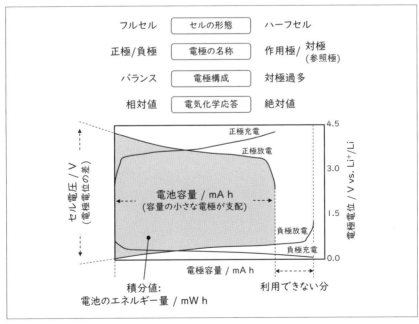

〔図4-2〕ハーフセルとフルセルの違い

て、電池作製に先立って各電極の特性を良く把握しておくことが求められる。また、なるべく正極－負極間の応答性に差が生じないように各電極を設計しておかなければならない。もし正極と負極の応答に大きな差があると一方の電極の利用率が低くなってしまう。これは電池の中に使えない部材が含まれていることと同じになり、エネルギー密度を下げる要因となる。同様に電極評価用のセルとは異なり、電池に占める電解液や集電体、パッケージも最大限減らすことが求められる。

4.2.1　フルセルの形式と特徴

　コイン形も存在するが、実用電池の多くは円筒形、角形、ラミネート形（パウチ形）のいずれかの形式で作製される（図 4-3）。円筒形は電動工具やモバイルバッテリーなどの民生用の用途で使用されることが多く、そのサイズは直径と高さを反映した型番で示される。現在は 18650（直径が 18 mm、高さ 65 mm、最後の 0 は円筒形を表す）と呼ばれるタイプが最も普及している。角形はカメラなどの小型電子機器でも用いられるが、電気自動車や電力貯蔵設備などの大型の用途で広く用いられている。円筒形に比べて余分な隙間をなくして電池を並べることができ、

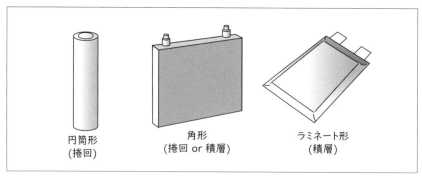

円筒形　　　　　　　角形　　　　　　ラミネート形
（捲回）　　　　（捲回 or 積層）　　　　（積層）

〔図 4-3〕リチウムイオン電池の形状と組み立て方式

組電池として高い体積エネルギー密度を実現できる。これらの形式の電池は、図 4-4(a) に示すように捲回式と呼ばれる方法で正極、セパレータ、負極が巻き取られたものが堅牢なケースに挿入されて作製されるため、外部からの衝撃や圧力に強く安全性に優れる。ただし、電池の内部で発生した熱が巻き取りの中心部に籠もりやすくなるため、大型化にはある程度の制限がある。ラミネート形はスマートフォンやタブレットを中心に用いられている。第 3 章で述べたように外装にはアルミニウムが蒸着された軽量な高分子の積層フィルム（ラミネートフィルム）が用いられるため、高いエネルギー密度を達成できる。放熱性も良いことから電気自動車用へも展開されているが、外部からの衝撃に弱く、内部でガスが発生すると電池が容易に膨らむ問題もある。正極、負極、セパレータは積層式と呼ばれる方法で組み合わされてラミネートフィルムで封止され

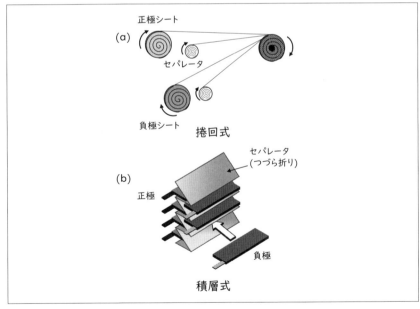

〔図 4-4〕捲回式 (a) および積層式 (b) による電池の組み立て

る。セパレータをつづら折りにしてその間に正極と負極を交互に挿入する方式である（図 4-4(b)）。より単純にある大きさに切断したセパレータを介して正極と負極を交互に配置する場合もある。捲回式で電池を作製するためには専用の巻取機が必要になる。したがって、本書が掲げている入門の範疇から逸脱するため、以降では積層式で電極を組み合わせるラミネート形を中心に電池の作製方法を解説する。

4.2.2　炭素系負極を用いたフルセルの設計

　負極に黒鉛を主とした炭素系の電極活物質を用いる際の電池設計を図 4-5(a) に示す。エネルギー密度の観点からは正極と負極は同じ容量とサイズを持つことが理想的である。しかし、実際には安全性への配慮から、炭素系負極を用いる際には正極に比べてその容量とサイズを少し大きめに取る必要がある。容量を大きくする理由は充電時に正極から引き抜かれるリチウムイオンを十分な余裕を持って収納するためである。炭

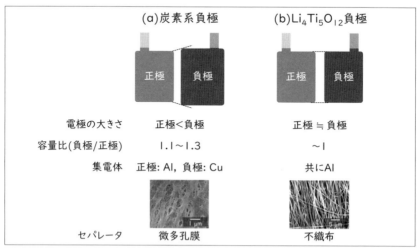

〔図 4-5〕炭素系負極 (a) および $Li_4Ti_5O_{12}$ 負極 (b) を用いたフルセルの設計

素系負極にリチウムイオンが挿入されるとその電位が大きく低下してリチウム金属が析出する 0 V vs. Li/Li$^+$ に近づく。どのような電極であっても少なからず反応分布があるため、電極全体としての平均電位がリチウム金属の析出電位に到達していなくても局所的に電位が低下してリチウム金属が析出する場合がある。この問題を回避するために容量に余裕を持たせておくのである。したがって、反応分布が生じやすい大電流や低温といった条件で電池を運用する場合にはそれなりの余力を負極の容量に持たせる必要がある。民生用の小型電池であれば正極に対して 1.1〜1.3 倍程度の容量を負極に設定するのが一般的であるが、大電流での使用が前提で且つ低温環境でも運用される可能性のある自動車用の電池では 2 倍程度までこの倍率が引き上げられる。負極のサイズを正極に対して大きめに取ることもリチウム金属の析出を防ぐための設計である。負極の端面では活物質粒子だけでなく集電箔の銅も露出している。さらに、電極の面部分と異なって角や辺などの端面部分ではリチウムイオンの拡散が線状拡散から球状拡散へ変化して電流が流れやすい。したがって、この部分に電場がかかりにくいように正極に対して 1 mm 程度大きくなるように負極に余分な幅を持たせるのである。充電時の電流分布が抑えられた電池ほど正極と負極の容量差を小さくでき、捲回や積層による電極の対向精度が高ければ高いほど負極を正極と同じ大きさに近づけることができるため、電池のエネルギー密度が向上する。つまり、これらの設計要素は電極や電池の作製精度に関係している。リチウム金属の析出を抑える方法として、ハードカーボンを用いる方法も挙げられる。ハードカーボンは黒鉛と同じ炭素系の材料であるが、空隙の多い構造を持ちリチウムイオンをより高速に収納できる。体積当たりのエネルギー密度は低下するものの、大電流や低温に対応した電池を構築できる。

第4章　電池の設計、試作と評価

4.2.3　$Li_4Ti_5O_{12}$負極を用いたフルセルの設計

　炭素系材料に比べて十分に貴な電位で作動する$Li_4Ti_5O_{12}$などの電極活物質を負極に用いれば、電池の充電時にリチウム金属が析出する懸念は大幅に軽減される（図4-5(b)）。これは単純に負極の電位がリチウム金属の析出電位に到達しにくいからである。容量に関しては炭素系負極を用いる場合と異なり、正極と同程度で構わない。これは、万が一負極活物質が収納できる以上のリチウムイオンが供給されても集電体がアルミニウム箔であることから合金化反応が起こりリチウム金属が析出しないためである。同様に電極の端面で充電電流が流れても合金化反応によってリチウムイオンが吸収されるため、銅箔を用いた負極とは異なり、正極に比べて電極サイズを大きくする必要がない。ただし、合金化反応はアルミニウム集電箔の体積膨張を引き起こすため、電極活物質の剥離につながる可能性があり、積極的に利用すべき対象ではない。小粒径の$Li_4Ti_5O_{12}$のようにレート特性に優れる材料であれば問題とならないが、レート特性が良好でない電極活物質を用いて大電流や低温に対応できる電池を構築するのであれば、やはり正極に比べて負極にある程度の容量の余力を持たせなければならない。基本的に炭素系負極と異なり、リチウム金属の析出が起こりにくいためセパレータも不織布系の空孔率の高いものを用いることができる。例えば、SCiBの名称で東芝から販売されている$Li_4Ti_5O_{12}$負極を搭載したリチウムイオン電池では、エレクトロスピニング技術を用いて電極上に直接形成された高分子のナノファイバー薄膜がセパレータとして用いられており、大変優れた入出力特性が実現されている。

- 104 -

４．２．４　電解液の注液、電極の活性化

　捲回や積層で組み合わせた電極を電池ケースに収納したら、良く乾燥した後に電解液を注液する。第１章で述べたとおり、電解液はあくまで正極と負極の間のリチウムイオンの通り道として働くため、その注液量は必要最小限でかまわない。電解液は正極、負極およびセパレータの空孔に浸透するため、各部材の空孔率を基に適切な注液量を決定する（図4-6）。セパレータの空孔率は概ね40%である。一方、電極の空孔率は30〜40%が目安である。入出力特性や寿命をそれほど重視せず、エネルギー密度を優先させた民生用電池の電極では空孔率が25%と大変低いものもある。このような低い値の達成には非常に大きな荷重をかけられるプレス装置が必要になる。いずれにしても用いる部材の空孔率を把握し、そこへ厚みを掛けた実空孔量の1.2〜1.4倍を目安に電解液を数回に分けて

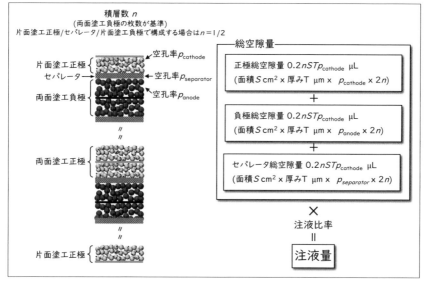

〔図4-6〕各部材の空孔率を考慮した必要電解液量の算出

注液する。この倍率は正極、負極、セパレータの積層状態によって若干
異なる。非常に良い精度で各部材が組み合わされていれば1.2倍の注液
量で問題ないが、少なからず電極とセパレータの間に隙間ができるため
1.4倍程度の量を注液することが多い。作製した電池が意図した動作を
しない場合はエネルギー密度が下がってしまうが注液量を少し増やして
みるのが良い。電池がラミネート形の場合、ハーフセルと同様に3辺を
事前にシールしておき、残りの開口している1辺から電解液を注液し、
その後に真空シールを行って電池を封止する。電極の積層数が多ければ
ラミネートフィルムによって圧縮応力がかかった状態となるが、積層数
が少ないと容易にセパレータが動いてしまうため、固定用治具を用いる
べきである。図3-8に示したように樹脂板や金属板にゴムシートを組み
合わせてネジ止めする簡便なものでも構わない。図4-7は正極に
$LiNi_{0.5}Mn_{0.3}Co_{0.2}O_2$、負極に黒鉛を用いたラミネートセルの設計の一例であ
る。電解液の注液量は図4-6に基づき、電極やセパレータの実空孔量の

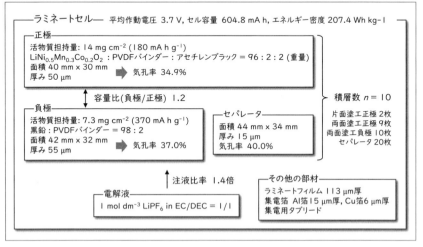

〔図4-7〕ラミネートセルの設計例

1.4 倍に設定している。正極の容量に対する負極の容量比を 1.2 としているため、電池の容量は正極の容量に依存する。したがって、正極活物質の面積当たりの担持量に正極の総面積を掛け、さらにそこへ正極活物質の容量密度を掛けることで電池の容量が導かれる。ここでは約 600 mA h を想定した。電極の空孔率は電極の厚みに面積を掛けて求められる実体積と電極を構成する活物質、バインダー、導電助剤の重量をそれぞれの密度で割って求められる最低体積の比較から求められる。空孔率を規定の値に設定したい場合は、最低体積と空孔率から必要な電極の厚みを計算すれば良い。負極に関しても取り扱いは同様である。最終的に電解液、セパレータ、集電体、集電用のタブリードやラミネートフィルムの重量も加味して求めた総重量でセル容量と平均作動電圧の積を割ることで電池のエネルギー密度が求められる。ここに示した設計だと約 200 W h kg^{-1} のエネルギー密度が想定される。

　負極に炭素系活物質を用いると電池の初回充電時に電解液が還元分解されてその表面に SEI が形成される。この際にガスが発生する。正極でも CEI が形成されてガスが発生するものがある。特にニッケルを多く含む正極活物質がこれに該当する。電解液に加えた添加剤によって意図した SEI や CEI を形成する段階でもあり、この工程は化成（formation）と呼ばれる。電場の印加によって電解液を電極の内部にまでしっかりと浸透させる目的もあり、電流値を 1/10C レートや 1/5C レートといった比較的小さな値に設定するのが一般的である。充電の上限電位を通常の充電条件に比べて高く設定することや放電過程も含めて複数回の充放電サイクルを繰り返すこともある。発生したガスは電極やセパレータの中、あるいはそれらの間に存在して電池内のイオン伝導パスを阻害する場合がある。また、可燃性の成分を含み安全上の問題を引き起こすこともあるため、化成後はガスを抜き取ることが好ましい。例えば、あらかじめ

ラミネートセルの1辺を長めにしておき、その部分をガス溜にして切り離すことで発生したガスを取り除くことができる。

4.2.5　定格容量、短絡の確認

　フルセルの容量は化成後に得られる放電容量が基準となる。電池の使用条件を想定した規定の電圧まで 1/5C レート以下の電流密度の小さな条件で CC-CV 充電を行い、その後の放電で安定的に得られる容量がこれに相当し、定格容量とも呼ばれる。フルセルは負極の容量に余裕を持たせて構築されるため、この値は基本的に正極依存となる。したがって正極のハーフセル試験から想定される容量がしっかりと得られているかがフルセルの出来を判断する基準となる。化成時に正極活物質に含まれるリチウムイオンが負極の SEI 形成で消費されるとしても、それを超えて容量が想定値を下回る場合はフルセルの特性が負極支配となっている可能性がある。その場合、放電時に負極の電位が下がり過ぎてリチウム金属の析出が起こる懸念があり、電池としては好ましくない。したがって、電池の設計をもう一度見直す必要がある。また、この時点で開回路電圧の経時変化もしっかりと調べておくことが必要である。これは電池が内部で微短絡を起こしていないかを確認するための工程である。フルセル内の正極と負極が平衡状態にあれば開回路電圧は一定の値を維持する。実際には電解液の分解が少なからず影響して開回路電圧は徐々に減少するが、その減少が極端なものは内部で微短絡を起こしている可能性が高い（図 4-8）。微短絡によって自己放電が起こるため電圧が低下するのである。この評価はエージングと呼ばれ、実用電池の検査にも組み込まれる工程である。これらの評価を終えた後に、充放電サイクル試験やレート試験といった各種の電気化学評価を行って作製した電池が目的の用途に合致するかを確認する。

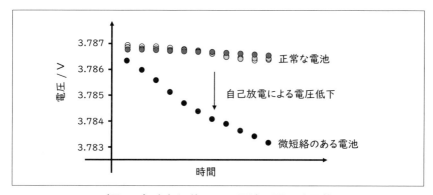

〔図 4-8〕内部短絡のある電池の開回路電位

4.3　劣化と安全性

　充放電を繰り返すと電池の放電容量は徐々に減少する。この容量減少はサイクル数の1/2乗に対して良好な比例関係を示すことが知られている（図4-9）。フロート充電で電池を利用した場合も同様の劣化応答が認められる。フロート充電とはノートパソコンやスマートフォンの利用形態でよく見られる電源をつないで充電しながら電池を使用する方式である。この場合は時間の1/2乗に対して容量減少が直線関係を示す。これらの劣化は電池の内部抵抗の上昇に起因する。化成工程で電極の表面に被膜が形成されると以後の電解液の分解は大幅に抑えられるものの、少なからずその後も電解液が被膜を透過して電極表面で分解されるため被膜は徐々に厚み方向へ成長する。被膜中の電解液の拡散がその成長の律速段階になる場合、被膜が厚くなるほど拡散に時間がかかるため被膜の

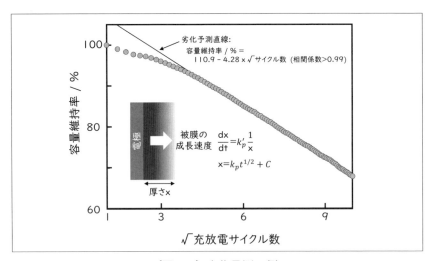

〔図 4-9〕劣化予測の例

成長速度（dx/dt）はその厚み (x) に反比例する。この関係を積分すると $x = k_p \cdot t^{1/2} + C$（C は定数項）で表される式が得られ、被膜の厚みが時間の1/2乗に対して比例的に増加することが分かる。k_p は放物線速度定数と呼ばれ、被膜の成長速度と時間の1/2乗の関係を補正する係数として働く。このようにサイクル数や時間の経過に伴って被膜が徐々に成長するため、電池の内部抵抗が増加して放電容量が減少する。実際の電池では初期の数サイクル時は電極上の被膜が十分に安定化されておらず、継続して他の副反応が進行するためにそれほど単純に解釈できないが、ある程度のサイクル数を超えると副反応の影響が小さくなり、容量減少がこのルート則に従うようになる[1]。図4-9 の例では 15 サイクル目辺りからルート則に従う良好な直線関係が認められ、相関係数が 0.99 を超えるようになる。図 3-14 に示した結果では充放電回数が 100 サイクルを超える領域からルート則に対して良い相関が得られている。図 4-10 は黒鉛負極上に形成された SEI の断面電子顕微鏡像である。充放電サイクル数の増加に伴って SEI の厚みが増すことが分かる。電池の内部抵抗が単純に被膜抵抗に準じて増加するのであれば、容量はここに示した関係で減少する。したがって、電池の寿命予測が大変容易である。また、緩やかに電池が劣化して行くため安全上の懸念も少ない。電池容量がこの

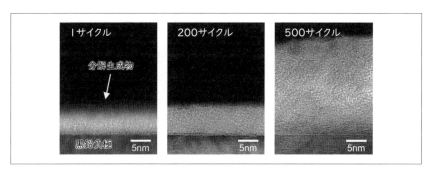

〔図 4-10〕黒鉛負極上の SEI 被膜の成長

相関から外れてより顕著な減少を示した場合は、電極活物質の劣化や集電体からの剥離、電解液の液枯れ、内部短絡の発生などの別の劣化要因が存在していると判断される。これらの中で内部短絡は放電容量の減少だけでなく、電池の熱暴走を引き起こす可能性があり大変危険である。内部短絡が起こると電子電流が電池内で局所的に流れてジュール熱が発生する。発熱初期にセパレータが収縮してシャットダウン効果が上手く働けば発熱より放熱が優勢になるため特に大事には至らないものの、発熱量が大きく数百度を超える温度まで到達してしまうと発熱を伴う電解液や電極活物質の自発的な分解反応が進行し、電池の熱暴走、いわゆる発煙や発火が起こる（図4-11）。熱暴走の主なメカニズムは次の通りである。電池の内部温度が60℃を超えると負極上や正極上に形成された被膜の分解が始まり、各電極上で発熱を伴う電解液の還元分解と酸化分

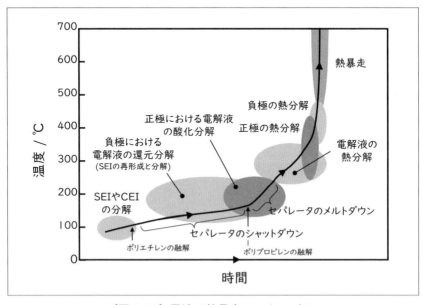

〔図4-11〕電池の熱暴走のメカニズム

解が徐々に進行する。内部温度が100℃を超えるとセパレータのシャットダウン機能が働くが、それ以上に温度が上昇して160℃を超えるとセパレータが徐々に融解するため、正極と負極が物理的に接触する状況が起こる。ここに至ると電池内の温度は急激に上昇する。正極に酸化物系の活物質が用いられていると200℃超で酸素放出を伴う熱分解反応が進行する。電解液自体の熱分解も同程度の温度で進行し、可燃性のガスが発生する。可燃性のガスと助燃剤の酸素が共存する状況となり、発火点まで温度が上昇すると火元がなくても電池は発火する。これらの反応は内部短絡が原因でなくとも電池の温度が上がれば進行する（表4-1）[2]。したがって、電池を安全に運用する上で電池ケースや組電池の放熱性は大変重要である。

内部短絡の起こりにくさを知ることは、電池の安全性を判断する上で大きな材料となる。反応分布が生じやすく短絡が起こりやすい状況を容易に模擬する最も単純な方法は大きなCレートで充放電を行うことである。温度を下げて試験を行えばさらに反応分布が生じやすい状況を模擬できる。一方、温度を上げれば電解液の分解などの副反応が活発になるため電池の劣化が加速された条件での評価となる。過充電試験や過放

〔表4-1〕電池内で進行する代表的な発熱反応

反応の種類	反応温度 / ℃	反応エンタルピー $J g^{-1}$
SEI被膜の分解	100-130	186-257
LiC_6/電解液	110-290	1460-1714
LiC_6/PVDF	220-400	1100-1500
Li_xCoO_2の分解	178-250	146
$Li_xNi_{0.8}Co_{0.2}O_2$の分解	175-340	115
Li_xCoO_2/電解液	167-300	381-625
$Li_xNi_{0.8}Co_{0.2}O_2$/電解液	180-230	600-1256
電解液の分解	225-300	155-258

電試験はより積極的に問題が起こりやすい環境を構築する方法である。過充電試験とは通常使用時の上限電圧や定格容量の100%、つまりSOC 100%の満充電状態を超えて電池を充電する試験である。正極活物質から必要以上にリチウムイオンを引き抜くと結晶構造が不安定になるだけでなく電解液の酸化反応が進行する。負極では活物質に収納可能なリチウムイオンの量を超えるとリチウム金属が析出するため、内部短絡が起こりやすい環境となる。図 4-12 は正極に $LiNi_{1/3}Mn_{1/3}Co_{1/3}O_2$（NMC111）+ $LiMn_2O_4$、負極に黒鉛を用いた電池の過充電試験の例である[3]。この例ではSOCが100%を超えた直後（段階 I）には電圧の上昇のみで特に大きな変化がないが、SOCが120%を超える（段階 II）と電池の内部抵抗が増加する。段階 II に到達すると電池の電圧を 4.5 V 超え、正極は非常に貴な電位、負極は非常に卑な電位となる。その結果、正極では遷移金属の溶解、負極ではリチウム金属の析出がそれぞれ進行する。活性の高いリチウム金属が析出すると電解液の還元分解が進み SEI が厚く成長する。図中の内部抵抗の増加はこの SEI の厚膜化を反映したものである。

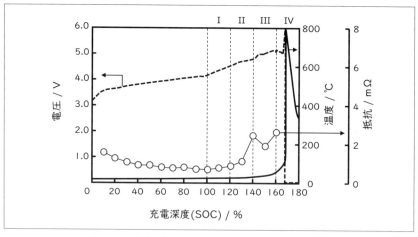

〔図 4-12〕過充電に伴う電池の温度変化の例

過充電がさらに進んだ段階 III では正極と負極の両方でガス発生を伴いながら電解液が分解し、正極活物質自体も不安定になり相変化や酸素放出を起こす。最終的にセパレータのメルトダウンが起こり、電池が内部短絡を起こすと蓄積された電気エネルギーが熱として放出されて段階 IV の熱暴走に至る。一方で、過放電試験とは反対に通常使用時の下限電圧を超えて強制的に放電を行う試験である。定格容量がすべて放電された SOC 0% を超えて電池を強制的に放電すると電圧は 0 V に到達する。この状態で正極と負極の電位は同じになっており、共に約 3 V vs. Li/Li⁺ に近い電位を有する。このような高い電位に負極があると集電体である銅箔が電解液に溶解する酸化反応が進行する。強制的にさらに放電電流を流すと電圧は負の値になり、銅箔の酸化溶解が加速される。この状態で正極の電位は負極より低くなっているため、正極上に銅が析出し、内部短絡が起こりやすい環境となる。つまり、このときの短絡の原因は過充電試験時のリチウム金属の析出と異なり銅の析出によるものとなる。電池を単セルで使用する場合は電圧が負になることはないが、組電池で使用して各セルの SOC バランスが崩れるとこのような過放電が起こる場合がある。また、単セルであっても深く放電した SOC の小さな状態で保存すると銅箔の酸化溶解が進行し、充電時に銅が局所的に析出して電池の内部短絡を誘発するので注意が必要である。安全性の試験には内部短絡が起こった際の電池の変化を模擬する方法もある。代表的なものに釘刺し試験と圧壊試験がある（図 4-13）。釘刺し試験とは電池に釘を刺して正極と負極を物理的に短絡させる試験である。短絡によって発生するジュール熱の大きさや発煙、発火の有無を知ることができる。釘刺しの速度が遅いほど短絡電流が集中しやすく熱暴走が起こりやすい条件となる。アメリカの Underwriters Laboratories Inc. が提唱している UL 規格ではブラントネイルと呼ばれる先端を丸くした釘が試験に使用され

る。一方、圧壊試験とは、電池を2枚の平行平板で挟み荷重を加えながら破壊する試験であり、応力やひずみが電池の温度変化や発煙、発火にどのように影響するかを調べる試験である。

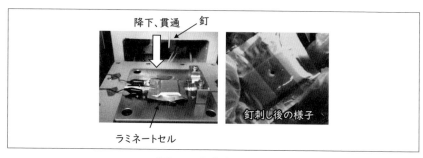

〔図4-13〕釘刺し試験

4.4 電池特性の改善

　内部短絡を除けば、電池の劣化とは内部抵抗の増加である。その原因は図 4-14 に示すように電解液や電極活物質といった材料そのものの劣化であったり、電極という集合体の劣化であったり様々である。それらが複合して電池の内部抵抗を高める原因となっている場合もある。ここでは個別の劣化分析事例を取り上げないが、電池の安全性や寿命を高めるためには劣化原因を細分化して適切な対策を取ることが求められる。まずは電池に用いる各材料がどのような特性を有するのかをしっかりと把握することが大切である。電極活物質については少なくともハーフセル試験を行い、正極と負極に用いる材料の特性を明らかにしておく必要がある。もちろん正極からの溶解成分が負極に影響を及ぼすこともあり、ハールセルの試験結果からだけでは単純に予測し得ないこともあるが、材料の劣化特性を個別に知っていれば電池の劣化原因の判断の助けにな

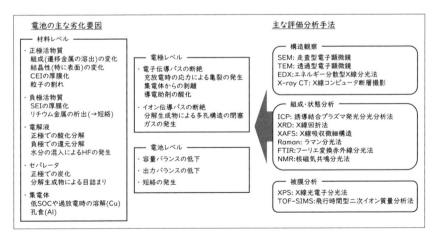

〔図 4-14〕電池の主な劣化要因と各種分析手法

る。図4-14には劣化を分析するための代表的な手法も示した。これら
を駆使しながら劣化原因の特定とその改善を進めることで目的の用途に
より適した電池を構築できる。

参考文献

[1] 橋本 勉, 棟方裕一, 金村聖志, LFP/Graphite リチウムイオン電池の性
　　能および劣化の予測モデルに関する研究, Electrochemistry, 89, 303-
　　312, 2021.

[2] Y. Chen et al., A review of lithium-ion battery safety concerns: The issues,
　　strategies, and testing standards, Journal of Energy Chemistry, 59, 83-99,
　　2021.

[3] D. Ren et al., An electrochemical-thermal coupled overcharge-to-thermal-
　　runaway model for lithium ion battery, Journal of Power Sources, 364, 328-
　　340, 2017.

第5章

環境デバイスとしての
リチウムイオン電池

5.1 温室効果ガスの排出削減へ向けて

　化石燃料の消費に基づくエネルギーの利用は、二酸化炭素に代表される温室効果ガス（Greenhouse Gas, GHG）を環境中に放出することになり、地球規模の気候変動を引き起こす要因となっている。実際、大気中の二酸化炭素濃度は産業革命以前に比べて約 40% も増加しており、地球の平均気温は 0.85 ℃上昇している。化石燃料をこのまま無造作に消費し続けると世界の平均気温は今世紀末までに少なくとも 2.6 ℃上昇すると予測されている [1]。その結果、苛烈な異常気象が誘発され、洪水や干ばつなどの災害が頻発する可能性が懸念されている。二酸化炭素の排出を抑え、社会の持続性を確保するためには、エネルギーの利用効率を高めるとともに、より積極的に再生可能エネルギーを利活用することが求められる。自動車の利用を中心とした運輸部門は世界の総エネルギー消費の約 30％を占め、様々なエネルギーの利用形態があるにもかかわらず依然として化石燃料への依存性が大きい。したがって、環境への影響は特に深刻である。化石燃料を消費する自動車に比べて電気自動車は優れたエネルギー変換効率とエネルギー源の脱炭素化を可能とする潜在的なメリットを有する。このことから、二酸化炭素の排出を大幅に削減できると期待され、世界的にその導入数が増加している。自動車の電動化を担うリチウムイオン電池はこの場合、環境デバイスとしての役割があり、エネルギー密度や容量といった電池としての性能だけでなく、二酸化炭素の排出削減にどの程度貢献し得るかという指標でその有効性が判断される。

5.2 ライフサイクルアセスメント（LCA）

　リチウムイオン電池を製造すること自体は二酸化炭素の排出の原因となる。したがって、二酸化炭素の排出削減におけるメリットは、自動車の電動化で削減される分を含めて総合的に判断しなければならない。この判断の指標の１つとなるのがライフサイクルアセスメント（Life Cycle Assessment, LCA）である。LCA は原材料の採取から材料への加工、デバイスの製造や流通、使用、修理、そして最終的な廃棄やリサイクルに至るまでのデバイスのライフサイクル全体で環境負荷を算定する方法である（図5-1）。対象のデバイスを利用することでどの程度の環境負荷（主に二酸化炭素の排出量が対象にされるが、大気汚染や廃棄物の量などを

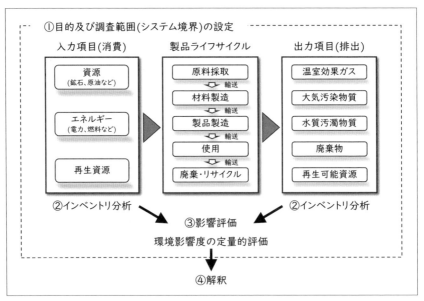

〔図 5-1〕ライフサイクルアセスメント（LCA）による環境負荷の算定

対象としても良い）があるかを定量的に評価できる点が特徴である。ライフサイクルの各段階で環境負荷を査定するため、その負荷が最も大きな工程が明確となり、環境負荷の削減へ向けたより効果的な対策を取ることができる。この評価方法は国際規格として登録されており、原則と枠組みがISO14040で、具体的にLCAを実施するための要件がISO14044でそれぞれ規定されている。LCAは①目的及び調査範囲の設定、②インベントリ分析、③影響評価、④解釈の4つの独立した段階で実施される。これらの中で特に重要なのは①である。評価範囲（システム境界と呼ばれる）の設定を含めて、どのような材料やデバイス、またはサービスを対象に環境負荷を算定するのかを決定する部分である。評価範囲とは、評価の対象とするライフサイクルのどこからどこまでという区分だけでなく、国内のみあるいは海外も含めてといった地域的な区分も含む。②ではライフサイクルの各工程について環境負荷に関する入力項目（原料や燃料、電力など）と出力項目（成果物、排出される二酸化炭素や廃棄物などの環境負荷）をリスト化する。例えば、リチウムイオン電池の集電体に用いるアルミニウム箔の製造を考えると、アルミニウムの原料であるボーキサイトの採掘と精製、電解精錬、鋳造、箔への加工が主要な工程として挙げられ、それぞれについて入力項目と出力項目を検討する必要がある。実際の製造プロセスから得られた結果を用いることが理想的であるが、すべての工程について入力項目と出力項目を収集することは困難なため、不足する部分は代表的な参考値で代用するのが一般的である。産業技術総合研究所の Inventory Database for Environmental Analysis（IDEA）、エコインベント・アソシエーションの ecoinvent Database、アルゴンヌ国立研究所の The Greenhouse gases, Regulated Emissions, and Energy use in Technologies Model（GREET）などがデータベースとして有名である。GREET には特に電池に関連する参

考値が多く掲載されている。作成した入力項目と出力項目のリストに基づいて環境問題に及ぼす影響を定量的に評価する段階が③である。④では環境負荷の大きな工程の特定や各工程の重み付けの変更を行いながら得られた結果の信頼性を判断する。これらの詳細については各 ISO 規格および専門書を参照されたい [2]。

5.3 リチウムイオン電池製造の LCA

　電気自動車用リチウムイオン電池の製造工程を図5-2に示す。ここで実施する LCA では、製品の使用や廃棄を含まない原材料採取からパック電池の製造までの cradle-to-gate と呼ばれるシステム境界で定義される範囲を対象とする（gate とは工場の門を意味する）。これに対して製品の廃棄までを対象とするシステム境界はゆりかご（cradle）から墓場（grave）まで意味する cradle-to-grave と呼ばれる。正極に $LiNi_{1/3}Mn_{1/3}Co_{1/3}O_2$（NMC111）、負極に人造黒鉛、各電極のバインダーに PVDF、電解液に $1\ mol\ dm^{-3}$ の $LiPF_6$ を溶解したエチレンカーボネート（EC）とジメチルカーボネート（DMC）の1:1混合溶媒、セパレータにアルミナでコーティングされたポリプロピレン微多孔膜を用いた構成の単セルが並列または直列に接続された各組電池（モジュール）が冷却シ

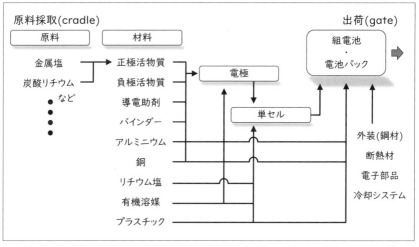

〔図 5-2〕電気自動車用電池パックの製造工程

ステムやバッテリーマネージメントシステムと組み合わされて電池パック化されるまでの工程を想定したものである。単セル作製に必要な電極活物質やリチウム塩、バインダーや集電体などの各材料の製造についてもそれぞれに cradle-to-gate で定義される LCA が存在するが、ここではそれらの記載は省略する。単セルを組み合わせて作製される組電池と電池パックには絶縁部材や冷却剤も含まれ、それらの詳細は電気自動車用途を想定したアルゴンヌ国立研究所の The Battery Performance and Cost（BatPaC）model に準じたものである[3]。84 kW h の電池パックを想定したときの構成部材は図5-3に示す通りである。比較のため NMC111 以外の正極活物質を用いた場合の重量構成も示してある。NMC111 を用いたときの電池パックの重量は 532.52 kg と見積もられ、エネルギー密度は 157.74 Wh kg^{-1}である。電池パックを構成する部材の中で最も大きな重量を占めるのが NMC111 である。その割合は全体の 25.0% である。次いでケースに用いられる鋼材が 24.3%、集電体に用いられるアルミニ

部材 / kg	NMC111正極	NMC811正極	LiFePO$_4$正極
正極活物質	133.34	107.15	162.48
合成黒鉛/カーボン	75.67	75.44	84.12
PVDF	4.26	3.72	5.00
銅	39.62	34.90	53.40
アルミニウム	64.65	59.61	78.93
LiPF$_6$	4.95	4.44	6.84
EC	13.90	12.40	19.13
DEC	13.90	12.40	19.13
ポリプロピレン	4.05	3.38	6.21
ポリエチレンテレフタラート	1.33	1.26	1.71
その他プラスチック類	4.26	4.15	4.24
アルミナ	0.05	0.05	0.06
鋼材	129.40	122.98	143.03
ステンレス	23.65	22.20	27.37
断熱材	2.02	1.93	2.28
冷却剤(グリコール)	12.89	12.12	14.95
電子部品	4.58	4.54	4.56
合計	532.52	482.67	633.44

電池パック

組電池
組電池

84 kW h

〔図5-3〕電池パックの構成部材

ウムと銅がそれぞれ 12.1% と 7.4% を占める。表 5-1 に前述の GREET に基づいて電池パック 1 kW h 当たりの各構成部材の製造にかかる環境負荷（インベントリ）を分析した結果を示す [4]。NMC111 の製造が 476.31 MJ と最も多くのエネルギーを消費し、二酸化炭素の排出量も 33.91 kgCO₂eq（二酸化炭素換算の温室効果ガス排出量）と全体の 47.2% を占めることが分かる。部材としてはアルミニウムが次に大きな割合を占め、エネルギー消費量と二酸化炭素の排出量はそれぞれ 107.41 MJ と 7.15 kgCO₂eq である。二酸化炭素以外の環境負荷に着目すると、電池パックの構成重量としてはそれほど大きくないもののアルミニウムの製造が非常に多くの水を消費することが分かる。このように着目する項目によっては環境負荷の大きさの序列が異なる場合があるため、環境負荷を二酸

〔表 5-1〕電池パック 1 kW h 当たりの各構成部材の製造にかかる環境負荷

項目	エネルギー消費 / MJ	GHGs* / kgCO₂eq	水 / L	NOₓ / g	SOₓ / g
NMC111	476.31	33.91	171.29	44.28	128.67
合成黒鉛/カーボン	90.10	8.21	8.85	3.83	2.01
PVDF	1.89	0.12	0.31	0.10	0.05
銅	28.52	1.99	11.65	1.98	2.15
アルミニウム	107.41	7.15	140.75	6.44	17.71
LiPF₆	10.56	0.66	3.20	0.25	0.27
EC	1.54	0.06	0.18	0.06	0.02
DEC	6.16	0.23	0.63	0.21	0.08
ポリプロピレン	3.59	0.08	0.36	0.08	0.04
ポリエチレンテレフタラート	1.18	0.04	0.12	0.04	0.02
その他プラスチック類	4.48	0.18	0.32	0.22	0.48
アルミナ	43.00	3.78	0.01	0.00	0.00
鋼材	3.93	0.25	4.85	3.78	14.22
ステンレス	0.01	0.00	0.84	0.23	0.29
断熱材	0.67	0.04	0.22	0.10	0.04
冷却剤(グリコール)	3.57	0.09	0.40	0.12	0.04
電子部品	21.81	1.36	4.83	1.11	0.69
N-メチルピロリドン	1.09	0.06	0.04	0.05	0.01
作製工程	217.34	13.61	52.99	13.08	3.98
合計	1023.16	71.82	401.84	75.96	170.77

*二酸化炭素換算の温室効果ガス排出量

化炭素の排出量だけで議論することには注意が必要であり、正確な判断には多角的な算定と比較が求められる。これらの部材の製造だけでなく、電池の作製工程も大きなエネルギーを消費する。ここでの試算では全体の二酸化炭素排出量の約20%を占めることが分かる。モジュールや電池パックの組み立てに伴う二酸化炭素の排出は数%以下であり、このエネルギー消費は主に単セルの作製に由来する。また、作製工程のエネルギー消費は生産規模の影響を大きく受け、規模が大きいほど効率は良好となる。

5．3．1　正極活物質合成のLCA

　正極活物質の合成はリチウムイオン電池の製造においてエネルギー消費が特に大きく二酸化炭素の主な排出源になっている。したがって、その合成プロセスを精査し、二酸化炭素の排出量を削減するための最適化を進めることが求められる。ここではNMC111を含めて、代表的な正極材料の合成にかかる環境負荷がどの程度であるかを算定する。図5-4

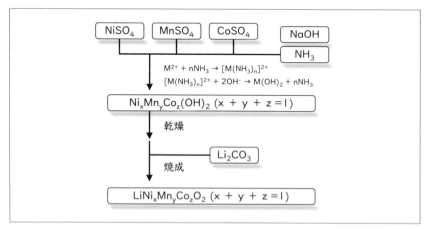

〔図5-4〕NMCの合成経路

に一般的な NMC の合成経路を示す。ニッケル、マンガンおよびコバルトの硫酸塩混合水溶液へアンモニアを含む水酸化ナトリウム水溶液を加える共沈法で前駆体の水酸化物を得た後に、リチウム源として炭酸リチウムを加えて熱処理を行う工程である[5,6]。各硫酸塩は鉱石の採掘、精錬、硫酸水溶液からの抽出を経る方法で製造された想定であり、それらの製造に関する LCA は GREET に登録されているものを用いた。これらの原料の製造を含めて各組成の NMC を 1 kg 得るのに必要なエネルギー量は表 5-2 の通りである。ニッケルの含有量が高くなるほど NMC の製造に必要なエネルギー量は増加し、それに伴う温室効果ガスの排出量も多くなる。これは原料である硫酸ニッケルの製造に伴うエネルギー消費が大きいことに由来する。表 5-3 は $LiFePO_4$ と $LiCoO_2$ の合成の LCA を比較したものである。合成経路に着目し、各正極活物質を水熱法と固相法で合成したときの LCA を示している（図 5-5 に各合成経路を示す）。$LiFePO_4$ 1 kg の水熱合成に伴う二酸化炭素排出量は 9.44 $kgCO_2eq$ である。

〔表 5-2〕NMC 1 kg の合成に伴う環境負荷

組成	エネルギー消費 / MJ	GHGs / kgCO$_2$eq	水 / L	NO$_x$ / g	SO$_x$ / g
LiNi$_{0.33}$Mn$_{0.33}$Co$_{0.33}$O$_2$ (NMC111)	300.05	21.36	107.90	27.89	81.06
LiNi$_{0.5}$Mn$_{0.3}$Co$_{0.2}$O$_2$ (NMC532)	309.36	22.02	99.57	30.68	106.46
LiNi$_{0.6}$Mn$_{0.2}$Co$_{0.2}$O$_2$ (NMC622)	320.99	22.87	102.40	32.76	120.64
LiNi$_{0.8}$Mn$_{0.1}$Co$_{0.1}$O$_2$ (NMC811)	365.18	25.49	107.65	39.34	152.45

〔表 5-3〕$LiFePO_4$ および $LiCoO_2$ 1 kg の合成に伴う環境負荷

組成	エネルギー消費 / MJ	GHGs / kgCO$_2$eq	水 / L	NO$_x$ / g	SO$_x$ / g
LiFePO$_4$ (水熱法*)	125.60	9.44	42.10	14.54	13.00
LiFePO$_4$ (固相法**)	58.15	4.79	44.42	8.60	13.11
LiCoO$_2$ (水熱法*)	358.20	24.52	185.53	30.65	50.91
LiCoO$_2$ (固相法**)	297.73	21.52	174.38	24.90	48.14
*LiOH (リチウム源)	264.82	20.85			
**Li$_2$CO$_3$ (リチウム源)	121.97	10.75			

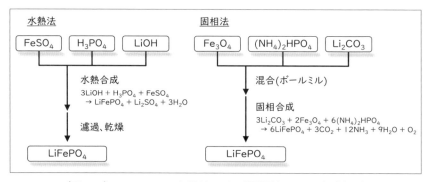

〔図 5-5〕LiFePO₄ の水熱法および固相法による合成経路

それに対して固相法を用いると 4.79 kgCO₂eq と水熱法のちょうど半分の値まで排出量が削減されることが分かる。水熱法と固相法では用いられる出発物質が異なるため単純な比較は難しいが、水熱法では LiOH、固相法では Li₂CO₃ がリチウム源に用いられ、この違いが二酸化炭素の排出量に差異をもたらす一因と推察される [5,7]。LiOH の製造に伴うエネルギー消費が Li₂CO₃ の倍以上だからである。さらに、水熱法では出発物質だけでなく溶媒である水も加熱する必要があるため、総じてエネルギー消費が大きくなる傾向にある。一方、LiCoO₂ の合成では 1 kg 当たりの二酸化炭素排出量が水熱法で 24.52 kgCO₂eq、固相法で 21.52 kgCO₂eq と合成法による差異が小さい。コバルトを含む出発物質はニッケルを含む出発物質と同様にその製造過程でのエネルギー消費が大きい。したがって、合成法が異なっても排出量にその違いが反映されにくいのである。この場合、二酸化炭素の排出量を削減するためには、より上流にある出発物質の合成段階での取り組みが必要となる。表5-2と表5-3の比較から LiFePO₄ は NMC や LiCoO₂ に比べて製造上の環境負荷が小さいことが分かる。特に固相法で得られる LiFePO₄ は NMC や LiCoO₂ の20% 以下のエネルギー消費量である。水の消費量も半分程度と大変優

秀である。ただし、LCA はあくまで環境負荷を判断するための指標であり、電極活物質としての性能は別である。合成法によっては得られる粒子の結晶性や大きさが変化する。実際の電池ではそれらの要素が重要な役割を担うことが多いため、電極活物質としての性能が担保される範囲で LCA を考慮することが求められる。また、ここで検討した各合成反応はあくまで収率が 100% で不純物が生じないことを仮定している。LiFePO$_4$ の固相合成では還元剤兼カーボン源の添加が一般的であるし、シュウ酸鉄（II）二水和物などの鉄が +2 価の状態のものを出発物資に用いるのが通常であり、そのようなより詳しい合成条件を反映すれば LCA の精度をさらに高めることができる。

5.3.2　セル作製の LCA

　前述の通り、セルの作製工程自体もリチウムイオン電池の製造において大きなエネルギー消費を占める。電極スラリーの調製（混練）、集電体上への塗工、乾燥、プレス、切断、積層、電解液の注液、化成、封止などの多くの工程がセルの作製には含まれる。各工程におけるエネルギー消費の割合を図 5-6 に例示する。電極の乾燥とドライルームの使用が特に多くのエネルギーを消費し、それぞれが全体の約 40% を占める。したがって、作製工程からの二酸化炭素の排出を抑えるためにはこれらに着目した取り組みが求められる。図 5-7 は電極塗工に用いるスラリーの固形分濃度を変えたときの電極の乾燥速度を示したものである（固形分濃度 55 wt.% を基準に相対値で表示）。電極スラリーの調製方法も含めた検討が必要であるが、例えば、塗工電極の固形分濃度を 55 wt.% から 65 wt.% に増加させると、80 ℃の乾燥炉内での電極の搬送速度を 3.0 m min^{-1} から 4.2 m min^{-1} へ速めて電極を乾燥できることが明らかにされている [8]。これは乾燥に必要な時間を短縮できることに加えて、使用する溶媒の量も少なくなる

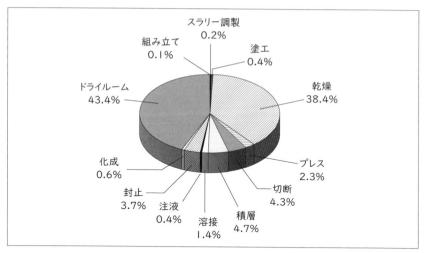

〔図 5-6〕電池パック製造に占める各工程のエネルギー消費比率

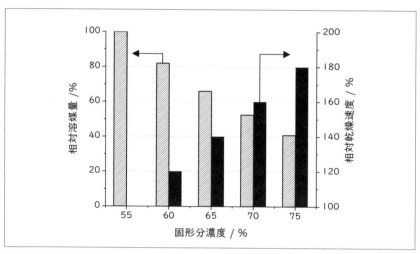

〔図 5-7〕電極スラリーの固形分濃度と乾燥速度

ため、セル作製のエネルギー消費を約 10% 抑えることがつながる。この延長上にあるのが、溶媒を全く使用せずに電極を作製するドライ電極の技術である[9,10]。電極の構成材料を乾式で混合し、その後の塗工やプ

レスもすべて乾式で行うものである。まだ実用段階には到達していない
が、固体系電池への展開も含めて活発な研究開発がなされている。

5. 4　電気自動車の LCA

　ガソリン車と電気自動車の二酸化炭素排出量を比較した結果を図 5-8 に示す。この図の作成に用いた各自動車に関するデータは表 5-4 の通りである。ガソリン車の製造（走行距離ゼロ）時の二酸化炭素排出量は 6.4 tonCO$_2$eq である。一方、電気自動車は 11.6 kgCO$_2$eq とガソリン車の 2 倍近い排出量がある。これは車体の製造と同程度の二酸化炭素が電池

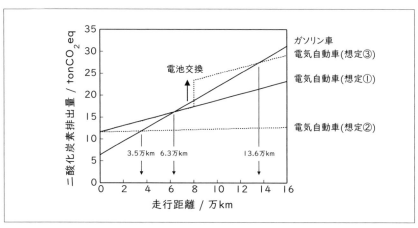

〔図 5-8〕ガソリン車及び電気自動車の走行に伴う二酸化炭素の排出

〔表 5-4〕ガソリン車及び電気自動車の 1 台当たりの製造エネルギー消費

	重量 / kg	製造エネルギー消費 / GJ	GHGs / tonCO$_2$eq
ガソリン車	1443.78	98.06	6.40
車体*	1427.45	82.05	6.36
鉛蓄電池	16.33	0.79	0.04
電気自動車	1882.45	169.92	11.64
車体*	1339.91	68.04	5.58
鉛蓄電池	10.02	0.49	0.02
リチウムイオン電池	532.52	86.18	6.04

*冷却媒や組み立て・廃棄・リサイクルに関わる項目も含む

パックの製造で排出されるためである。この結果は前述の NMC111 を正極活物質に用いた 84 kW h の電池パックを搭載した電気自動車を想定したものであり、電池パックの構成を変えれば二酸化炭素排出量は当然変化する。例えば、正極活物質を固相法で合成した $LiFePO_4$ に置き換えると電池パック由来の二酸化炭素排出量は 6.0 tonCO$_2$eq から 4.3 tonCO$_2$eq へ減少する。一方で $LiFePO_4$ は NMC111 に比べて容量密度が小さいため電池の重量は 532.52 kg から 633.44 kg へ増加する。本書では自動車の走行に伴って排出される二酸化炭素量をガソリン車については 2.322 kgCO$_2$ L^{-1}（ガソリン 1 L 当たりの二酸化炭素排出量）/ 15.0 km L^{-1}（車両重量に基づく燃費）=155 g km^{-1} とし、電気自動車については 0.434 kg（kW h）$^{-1}$（電力量 1 kW h 当たりの二酸化炭素排出係数）/ 6.0 km（kW h）$^{-1}$（車両重量に基づく電費）=72 g km^{-1} とした。これらは報告されている値を参考にしているが、適宜、適切な値へ変更していただきたい。特に二酸化炭素排出係数は太陽光発電や風力発電などの再生可能エネルギーの導入量によって変化し、地域によって大きく異なるためである。例えば、非化石燃料由来の発電比率が 90% を超えるフランスの二酸化炭素排出係数は 0.04 kg（kW h）$^{-1}$ と非常に小さい。各自動車からの二酸化炭素排出量は図 5-8 に示すように走行距離の増加に伴って直線的に増加する。初期の二酸化炭素排出量は電気自動車が多いものの、約 6.3 万 km を走行した時点で総排出量は電気自動車を利用した方が少なくなる（想定①）。電気自動車が優位となるこの閾値は図中の直線の傾きと切片（初期値）に依存する。傾きは電気自動車の運用に関係する値であり、非化石燃料由来の発電比率や電気自動車の電費が高ければ小さな値となる。二酸化炭素排出係数が低いフランスであれば走行距離が 3.5 万 km を超えた時点で電気自動車が優位となる（想定②）。一方、切片は電池パックに由来する値であり、その製造に伴うエネルギー消費を抑えることで

より小さな値を実現できる。ここでは電池パック製造に伴う kW h 当たりの二酸化炭素排出量を 72 kgCO$_2$eq（kW h）$^{-1}$ としているが、もしこの値が約 2 倍の 150 kgCO$_2$eq（kW h）$^{-1}$ であった場合（少し前の電池パックでは一般的な値）、電気自動車の恩恵は走行距離が 14.2 万 km を超えないと得られなくなる。これらの閾値を考えると電池の寿命も大変重要である。現在国内で販売されている電気自動車については 8 年経過または 16 万 km 走行時点で初期の 70% 以上の電池容量が維持されることを多くのメーカーが保証値としている。もし、走行距離が半分の 8.0 万 km を超えた時点で電池が不良となった場合はその交換が必要なため、新しい電池パック分の二酸化炭素の排出が上乗せされることになる（想定③）。その場合、電気自動車の恩恵は 13.6 万 km を走行しないと得られなくなる。ここでは単純に電池パック分の二酸化炭素量を加算しているが、実際にはその交換と廃棄に伴うエネルギー消費も加味しなければならない。リチウムイオン電池の廃棄に伴う二酸化炭素の排出量については報告例が少なくさらなる精査が必要であるが、スウェーデン環境研究所（IVL）が報告している 15 kgCO$_2$eq（kW h）$^{-1}$ を参考にすると約 1.3 tonCO$_2$eq の負荷がさらに加算されることになる[11]。電池パックの製造時のエネルギー消費の約 20% に相当する大きな値である。このようにリチウムイオン電池を環境デバイスとして捉えると、製造時のエネルギー消費を抑えながら長寿命を実現することが重要と理解できる。

参考文献

[1] 気候変動に関する政府間パネル（IPCC）第 5 次評価報告書（AR5），2014.

[2] 稲葉 敦（編著），改訂版「演習で学ぶ LCA」－ライフサイクル思考から、LCA の実務まで－（日本 LCA 推進機構），2018.

[3] K.W. Knehr, J.J. Kubal, P.A. Nelson, S. Ahmed, Battery Performance and Cost Modeling for Electric-Drive Vehicles (A Manual for BatPaC v5.0), Argonne National Laboratory, 2022.

[4] M. Wang et al., Summary of Expansions and Updates in GREET® 2022, Argonne National Laboratory, 2022.

[5] J.B. Dunn et al., Material and Energy Flows in the Production of Cathode and Anode Materials for Lithium Ion Batteries, Argonne National Laboratory, 2015.

[6] T. Entwistle et al., Energy Reports 8, 67-73, 2022.

[7] Z. Anisa, M. Zainuri, Synthesis and Characterization of Lithium Iron Phosphate Carbon Composite (LFP/C) using Magnetite Sand Fe3O4, The Journal of Pure and Applied Chemistry Research, 9, 16-22, 2020.

[8] J.-H. Schünemann et al., Smart Electrode Processing for Battery Cost Reduction, ECS Transactions, 73, 153-159, 2016.

[9] D.W. Park et al., Novel solvent-free direct coating process for battery electrodes and their electrochemical performance, Journal of Power Sources, 306, 758-763, 2016.

[10] Y. Lu et al., Dry electrode technology, the rising star in solid-state battery industrialization, Matter, 5, 876-898, 2022.

[11] E. Emilsson, L. Dahllöf, Lithium-Ion Vehicle Battery Production, IVL Swedish Environmental Research Institute, C444, 2019.

おわりに

　ここで述べたリチウムイオン電池の設計やその利用に基づく環境負荷の低減に関する考え方は、全固体電池や多価イオン電池といった次世代電池においても指針に違いはありません。もちろん用いる材料が違えば電池の作製工程が変わることはありますが、基本的な骨格は同じです。本書をきっかけに電池に興味をもたれる方が少しでも増え、より良い電池の誕生につながれば幸甚です。電池がさらなる発展を遂げ、より豊かで実りある循環型の社会が実現されていくことを期待しています。

　最後に本書の出版にご尽力いただいた科学情報出版株式会社の水田浩世様をはじめ、ご支援いただいた多くの皆様に感謝申し上げます。

2023年9月

棟方 裕一

索引

あ

アセチレンブラック ・・・・・・・・・・・・・・・16, 49
アプリケーター ・・・・・・・・・・・・・・・・・・・・・・51
圧壊試験・・・・・・・・・・・・・・・・・・・・・・・・・・・115

え

エネルギー密度 ・・・・・・・・・・・・・・・・3, 37, 97
N- メチルピロリドン ・・・・・・・・・・・19, 49, 127
SEI・・・・・・・・・・・・・・・・・・・・・24, 83, 107, 111

お

オーム損 ・・・・・・・・・・・・・・・・・・・・69, 77, 88
温室効果ガス ・・・・・・・・・・・・・・・・・・・・・・121

か

カーボンブラック ・・・・・・・・・・・・・・・・・・・・16
CMC（カルボキシメチルセルロース）・・・19, 50
カーボネート・・・・・・・・・・・・・・・・・・・21, 125
固練り ・・・・・・・・・・・・・・・・・・・・・・・・・・・・46
OCP（開回路電位）・・・・・・・・・・・・・72, 90
拡散係数・・・・・・・・・・・・・・・・・・・・・・・・・・89
化成・・・・・・・・・・・・・・・・・・・・・・・・・・・・・107
過充電・・・・・・・・・・・・・・・・・・・・・・・・・・・114
過放電・・・・・・・・・・・・・・・・・・・・・・・・・・・115
環境負荷・・・・・・・・・・・・・・・・・・・・・・・・・127
カーボン被覆 ・・・・・・・・・・・・・・・・・・・8, 31

き

起電力 ・・・・・・・・・・・・・・・・・・・・・・・・・・・・・5
凝集体・・・・・・・・・・・・・・・・・・・・・・・・50, 56

く

クーロン効率 ・・・・・・・・・・・・・・・・・・・・・・77
釘刺し試験・・・・・・・・・・・・・・・・・・・・・・・115
cradle-to-gate ・・・・・・・・・・・・・・・・・・・・125
cradle-to-grave ・・・・・・・・・・・・・・・・・・・125
組電池・・・・・・・・・・・・・・・・・・・・・・・・・・・125

け

ケッチェンブラック ・・・・・・・・・・・・・・・・・・16
捲回式・・・・・・・・・・・・・・・・・・・・・・・・・・・101

こ

LiCoO$_2$（コバルト酸リチウム）・・・ 6, 38, 48, 74, 129
固溶体系材料・・・・・・・・・・・・・・・・・・・・・・・9
黒鉛・・・・・・・・・・・・・・・・4, 11, 25, 49, 102, 111
コインセル ・・・・・・・・・・・・・・・・・・・・・・・・65
交流インピーダンス測定 ・・・・・・・・・・・・・81
CPE（コンスタントフェーズエレメント）・・・86
固相法・・・・・・・・・・・・・・・・・・・・・・・・・・・130
合金化・・・・・・・・・・・・・・・・・・・・・・・14, 32

さ

作動電位・・・・・・・・・・・・・・・・・・・・・・・8, 37
サイクル特性・・・・・・・・・・・・・・・・・・・37, 97
サイクリックボルタンメトリー ・・・・・・・・・・72

し

シリコン ・・・・・・・・・・・・・・・・・・・・・・・・・・14
CEI ・・・・・・・・・・・・・・・・・・・・・・・・・・24, 85
シャットダウン ・・・・・・・・・・・・・・・・28, 112
時間率・・・・・・・・・・・・・・・・・・・・・・・・・・・39
時定数・・・・・・・・・・・・・・・・・・・・・・・・・・・85
SOC（充電深度）・・・・・・・・・・・・・93, 114
寿命予測・・・・・・・・・・・・・・・・・・・・79, 111
SBR（スチレンブタジエンゴム）・・・20, 50

す

水熱法・・・・・・・・・・・・・・・・・・・・・・・・・・・130

せ

セパレータ ・・・・・・・・・・・・・・・26, 101, 112, 125
ゼータ電位 ・・・・・・・・・・・・・・・・・・・・・・・・50
積層式・・・・・・・・・・・・・・・・・・・・・・・・・・・101

そ

ソフトカーボン ・・・・・・・・・・・・・・・・・・・・・13

た

単粒子測定・・・・・・・・・・・・・・・・・・・・・・・・44
タブリード ・・・・・・・・・・・・・・・・・・・・・・・・68
体積膨張・・・・・・・・・・・・・・・・・・・・・・・・・32

ち

Li$_4$Ti$_5$O$_{12}$（チタン酸リチウム）・・・・・・・・13, 104

て

電極活物質・・・・・・・・・・・・・・・・・・・・・・・・・4

電位窓 ・・・・・・・・・・・・・・・・・・・・・・・ 9, 21, 73
添加剤 ・・・・・・・・・・・・・・・・・・・・・・・・・ 24
CC 充電（定電流充電）・・・・・・・・・・・・・ 75
CC 放電（定電流放電）・・・・・・・・・・・・・ 75
CV 充電（定電位充電）・・・・・・・・・・・・・ 79
電気二重層容量 ・・・・・・・・・・・・・・・・・・ 84
電荷移動抵抗 ・・・・・・・・・・・・・・・・・・・・ 84
GITT 法（定電流間欠滴定法）・・・・・・・・ 88
定格容量 ・・・・・・・・・・・・・・・・・・・・・・・ 108
電池パック ・・・・・・・・・・・・・・・・ 126, 135
電極スラリー ・・・・・・・・・・・・・・・ 45, 131
伝送線モデル ・・・・・・・・・・・・・・・・・・・・ 86

と

導電助剤 ・・・・・・・・・・・・・・・・・・・・・ 16, 45
等価回路 ・・・・・・・・・・・・・・・・・・・・・・・・ 83

な

内部短絡 ・・・・・・・・・・・・・・・・・ 15, 64, 109
Nyquist 線図 ・・・・・・・・・・・・・・・・・・・・ 83

に

NMC（ニッケルマンガンコバルト系酸化物）
・・・・・・・・・・・・・ 6, 76, 114, 125, 128, 135
NCA（ニッケルコバルトアルミニウム系酸化物）・・・・ 6
LiNi$_{0.5}$Mn$_{1.5}$O$_4$（ニッケルマンガン酸リチウム）・・・・ 9

ね

熱暴走 ・・・・・・・・・・・・・・・・・・・・・・・・・ 112

は

ハードカーボン ・・・・・・・・・・・・・・・ 12, 103
バインダー ・・・・・・・・・・・・・・・ 18, 45, 125
ハーフセル ・・・・・・・・・・・・・・・・・・・ 61, 99
排出係数 ・・・・・・・・・・・・・・・・・・・・・・・ 135

ひ

標準電極電位 ・・・・・・・・・・・・・・・・・・・・ 29
ビーカーセル ・・・・・・・・・・・・・・・・・・・・ 63

ふ

腐食 ・・・・・・・・・・・・・・・・・・・・・・・・ 23, 73
不可逆容量 ・・・・・・・・・・・・・・・・・・・ 40, 77
フルセル ・・・・・・・・・・・・・・・・・・・・ 61, 99

ほ

PVDF（ポリフッ化ビニリデン）・・・・・・・・ 18, 125
Bode 線図 ・・・・・・・・・・・・・・・・・・・・・・・ 87
DOD（放電深度）・・・・・・・・・・・・・・・・・・ 93

ま

LiMn$_2$O$_4$（マンガン酸リチウム）・・・・・・・・ 6

ゆ

有機電解液 ・・・・・・・・・・・・・・・・・・ 5, 21, 42

よ

容量密度 ・・・・・・・・・・・・・・・・・・・・・ 9, 38
容量維持率 ・・・・・・・・・・・・・・・・・・・・・ 77

ら

ラミネートセル ・・・・・・・・・・・・・・ 68, 106
LCA（ライフサイクルアセスメント）・・・・・・・・・ 122

り

LiFePO$_4$（リン酸鉄リチウム）・・・・・・・・ 8, 89, 129
リチウム金属 ・・・・・・・・・・・・・ 14, 27, 62, 108
リチウム塩 ・・・・・・・・・・・・・・・・・・・・・ 21
流動曲線 ・・・・・・・・・・・・・・・・・・・・・・・ 46
粒度分布 ・・・・・・・・・・・・・・・・・・・・・・・ 49
リアクタンス ・・・・・・・・・・・・・・・・・・・・ 82
LiMnPO$_4$（リン酸マンガンリチウム）・・・・・・・・ 9

れ

レート特性 ・・・・・・・・・・・・・・・ 37, 43, 80
レジスタンス ・・・・・・・・・・・・・・・・・・・・ 82

わ

ワールブルグインピーダンス ・・・・・・・・ 84

■ 著者紹介 ■

棟方 裕一（むなかた ひろかず）
　東京都立大学大学院都市環境科学研究科 環境応用化学域 助教

1999 年 大阪大学工学部応用自然科学科卒業、2004 年 大阪大学
大学院工学研究科物質化学専攻博士課程修了（博士（工学）取
得）、2004 年 （独）科学技術振興機構 博士研究員、2008 年 首都
大学東京大学院都市環境科学研究科 助教、2020 年 大学の名称変
更を経て現在に至る。電気化学と材料化学を専門とし、蓄電池
と燃料電池に関する研究に主に従事。

●ISBN 978-4-910558-08-0　神奈川工科大学　クライソン トロンナムチャイ　著

設計技術シリーズ

自動車用
パワーエレクトロニクス
―基盤技術から電気自動車での実践まで―

定価4,400円（本体4,000円＋税）

**第1章　自動車用パワーエレクトロ
　　　　ニクスの概論**
1－1．自動車の歴史と現状
1－2．カーエレクトロニクスの歴史と
　　　現状
1－3．パワーエレクトロニクスの歴史
　　　と現状
1－4．自動車におけるパワーエレクト
　　　ロニクスの歴史と現状
1－5．自動車用パワーエレクトロニク
　　　スの特徴と今後の動向
1－6．本書の狙いと構成

**第2章　自動車用
　　　　パワー半導体デバイス**
2－1．パワーMOSFET
2－2．絶縁ゲート型バイポーラトラン
　　　ジスタ（IGBT）
2－3．スーパージャンクション
　　　MOSFET（SJ-MOSFET）の構
　　　造と特徴
2－4．パワー半導体デバイスの破壊メ
　　　カニズム
2－5．パワー半導体デバイスの保護
2－6．パワー半導体デバイスの集積
第3章　自動車用パワーエレクトロ

**　　　　ニクスの回路技術**
3－1．ハイサイド・スイッチ
3－2．ハーフブリッジ回路
3－3．状態平均化法
3－4．Hブリッジ回路
3－5．スナバ回路
3－6．ソフトスイッチング
3－7．3相インバータ回路
3－8．V結線インバータ回路

**第4章　自動車用パワーエレクトロ
　　　　ニクスの熱管理技術**
4－1．自動車用パワーエレクトロニク
　　　スの熱管理に関する基本知識
4－2．高放熱化技術
4－3．次世代放熱技術

**第5章　自動車用パワーエレクトロ
　　　　ニクスの信頼性**
5－1．自動車用パワーエレクトロニク
　　　スの信頼性に関する基本知識
5－2．自動車用パワーエレクトロニク
　　　スの故障を表すモデル
5－3．自動車用パワーエレクトロニク
　　　スの信頼性予測
5－4．自動車用パワーエレクトロニク
　　　スの故障解析

**第6章　自動車用パワーエレクトロ
　　　　ニクスの電磁干渉抑制技術**
6－1．自動車分野における電磁
　　　両立性（Electromagnetic
　　　Compatibility、EMC）の基本知識
6－2．EMI発生源の特定
6－3．自動車用EMI対策技術

**第7章　電動車用
　　　　パワーエレクトロニクス**
7－1．電動車の電気系統
7－2．高電圧バッテリーとその管理
7－3．車載充電器
7－4．高電圧ジャンクションボックス
7－5．電動車用モータとベクトル制御

発行／科学情報出版（株）

●ISBN 978-4-904774-95-3　　（国研）産業技術総合研究所　田中 保宣　監修

設計技術シリーズ

次世代パワー半導体デバイス・実装技術の基礎
―Siから新材料への新展開―

定価4,950円（本体4,500円＋税）

第1章　パワーデバイスの基礎
1－1　パワーデバイスとは
1－2　耐圧設計
1－3　ダイオード
1－4　パワーMOSFET
1－5　IGBT

第2章　SiCパワーデバイス
2－1　SiCパワーデバイスの特徴
2－2　SiCウェハ、エピタキシャル成長技術
2－3　SiCダイオード
2－4　SiC-MOSFET
2－5　その他のＳｉＣパワーデバイス
2－6　まとめ

第3章　GaNパワーデバイス
3－1　GaNパワーデバイスの特徴
3－2　横型GaNパワーデバイスの構造設計
3－3　縦型GaNパワーデバイスの構造設計
3－4　今後の展望

第4章　Ga₂O₃パワーデバイス
4－1　はじめに
4－2　Ga_2O_3の物性
4－3　融液成長単結晶バルク
4－4　薄膜エピタキシャル成長
4－5　ダイオード
4－6　横型FET
4－7　縦型FET
4－8　今後の課題、展望
4－9　まとめ

第5章　ダイヤモンドパワーデバイス
5－1　はじめに
5－2　ダイヤモンドウエハ化技術
5－3　p型エピタキシャルダイヤモンド
5－4　高品質・高純度化学気相成長ダイヤモンド
5－5　N型エピ技術
　　　（リンドービングによるn型伝導制御技術）
5－6　ダイヤモンドSBDとMESFET
5－7　ダイヤモンドSBDの進展
5－8　ダイヤモンドPINおよびBJT素子
5－9　ダイヤモンド評価技術 EBIC
5－10　反転層チャネルダイヤモンドMOSFET
5－11　2DHGをチャネル層に適用した
　　　ダイヤモンドMOSFET

第6章　ワイドバンドギャップ半導体のための実装技術
6－1　はじめに
6－2　活用したい先進パワーデバイスの性能と求められる実装技術
6－3　パワーデバイス実装技術の基礎
6－4　ワイドギャップ半導体用実装技術
6－5　今後の展望

発行／科学情報出版（株）

● ISBN 978-4-904774-78-6　　　　筑波大学　岩室 憲幸　著

設計技術シリーズ

車載機器における
パワー半導体の設計と実装

定価3,960円（本体3,600円＋税）

第1章　車載用パワーエレクトロニクス・パワーデバイス
1.1　はじめに
1.2　電圧型インバータと電流型インバータ
1.3　パワーデバイスの役割
1.4　パワーデバイスの種類
1.5　MOSFET・IGBTの台頭
1.6　最近のパワーデバイス技術動向
1.7　車載用パワーデバイス
1.8　車載用パワーデバイスの種類

第2章　シリコンMOSFET
2.1　はじめに
2.2　パワーMOSFET
　2.2.1　基本セル構造
　2.2.2　パワーMOSFET作成プロセス
　2.2.3　MOS構造の簡単な基礎理論
　2.2.4　ノーマリーオン特性とノーマリーオフ特性
　2.2.5　電流―電圧特性
　2.2.6　ソース・ドレイン間の耐圧特性
　2.2.7　パワーMOSFETのオン抵抗
　2.2.8　パワーMOSFETのスイッチング特性
　2.2.9　トレンチゲートパワーMOSFET
　2.2.10　最先端シリコンパワーMOSFET
　2.2.11　MOSFET内蔵ダイオード
　2.2.12　周辺耐圧構造

第3章　シリコンIGBT
3.1　はじめに
3.2　基本セル構造
3.3　IGBTの誕生
3.4　電流―電圧特性
3.5　コレクターエミッタ間の耐圧特性
3.6　IGBTのスイッチング特性
3.7　IGBTの破壊耐量（安全動作領域）
3.8　IGBTのセル構造
3.9　IGBTセル構造の進展
3.10　IGBT実装技術
3.11　最新のIGBT技術
3.12　今後の展望

第4章　シリコンダイオード
4.1　はじめに
4.2　ダイオードの電流―電圧特性、逆回復特性
4.3　ユニポーラ型ダイオード
　4.3.1　ショットキーバリアダイオード（SBD）
4.4　バイポーラ型ダイオード
　4.4.1　pinダイオード
　4.4.2　SSDダイオードとMPSダイオード

第5章　SiCパワーデバイス
5.1　はじめに
5.2　結晶成長とウェハ加工プロセス
5.3　SiCユニポーラデバイスとSiCバイポーラデバイス
5.4　SiCダイオード
　5.4.1　SiC-JBSダイオード
　5.4.2　SiC-JBS作成プロセス
　5.4.3　SiC-JBSダイオードの周辺耐圧構造
　5.4.4　SiC-JBSダイオードの破壊耐量
　5.4.5　シリコンIGBTとSiC-JBSダイオードの
　　　　　ハイブリッドモジュール
　5.4.6　SiC pinダイオードの順方向劣化
5.5　SiC-MOSFET
　5.5.1　SiC-MOSFET作成プロセス
　5.5.2　ソース・ドレイン間の耐圧設計
　5.5.3　プレーナーMOSFETのセル設計
　5.5.4　SiCトレンチMOSFET
　5.5.5　SiCトレンチMOSFET作成プロセス
　5.5.6　SiC-MOSFETの破壊耐量解析
5.6　最新のSiC-MOSFET技術
　5.6.1　SiC superjunction MOSFET
　5.6.2　新構造MOSFET
5.7　SiCデバイスの実装技術

発行／科学情報出版（株）

● ISBN 978-4-904774-80-9

名古屋工業大学　川崎 晋司　著

設計技術シリーズ

新炭素材料ナノカーボンの基礎と応用
—カーボンナノチューブからグラフェンまで—

定価5,060円（本体4,600円＋税）

第1章　炭素という元素
1－1．炭素原子はどう作られたか
1－2．炭素原子は一種類ではない
1－3．多様な結合特性（sp, sp^2, sp^3）
1－4．六員環のネットワーク
1－5．炭素-炭素結合の強さ
1－6．宇宙の中の炭素、地球の中の炭素

第2章　ナノカーボンの合成
2－1．炭素の温度-圧力相図
2－2．ナノカーボンの発見
2－3．ダイヤモンド合成
2－4．C_{60}の生成メカニズム
2－5．グラフェンの生成メカニズム
2－6．単層カーボンナノチューブの生成メカニズム

第3章　ナノカーボンの構造、電子状態
3－1．黒鉛とダイヤモンドの構造、電子状態
3－2．グラフェンの構造、電子状態
3－3．単層カーボンナノチューブの構造
3－4．単層カーボンナノチューブの電子状態
3－5．C_{60}分子・結晶の構造、電子状態
3－6．実用炭素材料の構造

第4章　ナノカーボンの物理と化学
4－1．単層カーボンナノチューブの精製処理
4－2．酸化黒鉛（グラフェンの化学はくり）
4－3．ナノカーボンの可溶化
4－4．SWCNTの表面化学反応
4－5．金属・半導体SWCNTの分離
4－6．置換型ドーピング

4－7．挿入型ドーピング
4－8．分子挿入（内包）
4－9．ナノカーボンの化学合成
4－10．ナノカーボンの融合反応
4－11．ダイヤモンドとナノカーボンの熱伝導
4－12．ナノカーボンの機械的特性

第5章　ナノカーボンの分析
5－1．ダイヤモンド、黒鉛のX線回折
5－2．C60のX線回折
5－3．SWCNTのX線回折
5－4．グラフェン関連物質のX線回折
5－5．分子のラマン散乱（C60のラマンスペクトル）
5－6．結晶のラマン散乱（ダイヤモンドのラマンスペクトル）
5－7．黒鉛のラマンスペクトル
5－8．共鳴ラマン散乱（Gバンドの詳細）
5－9．二重共鳴ラマン散乱（Dバンドの詳細）
5－10．グラフェンのラマンスペクトル
5－11．カーボンナノチューブのラマンスペクトル
5－12．NMRとESR
5－13．熱分析測定
5－14．光電子分光、X線吸収分光
5－15．紫外-可視・近赤外吸収・発光
5－16．電流-電位測定
5－17．ガス吸着測定
5－18．顕微鏡観察

第6章　ナノカーボンの応用
6－1．クラシックカーボンの応用先
6－2．ナノカーボンを利用した太陽電池
6－3．SWCNTの電気二重層キャパシタ電極への応用
6－4．SWCNTのガス貯蔵能力
6－5．カーボンナノチューブのポリマーへの複合
6－6．ナノカーボンの透明導電膜への応用
6－7．カーボンナノチューブの燃料電池への応用
6－8．SWCNTのリチウムイオン電池への応用
6－9．カーボンナノチューブトランジスタ
6－10．カーボンナノチューブの宇宙エレベータへの応用
6－11．カーボンナノチューブの電子銃、SPM探針への応用
6－12．ナノカーボンの光デバイスへの応用
6－13．ナノカーボンの放熱材料への応用
6－14．SWCNTの太陽光水素生成への応用
6－15．SWCNTの次世代電池への応用
6－16．ナノサイズの反応容器
6－17．ナノカーボンの医療応用
6－18．SWCNTの熱電変換材料への応用

発行／科学情報出版（株）

●ISBN 978-4-910558-20-2

広島工業大学　上泰　著
沼津工業高等専門学校　三谷祐一朗　著

エンジニア入門シリーズ

実践 PLCプログラム設計
—変数によるラダープログラムの基礎から周辺デバイス活用まで—

定価3,960円（本体3,600円＋税）

1　PLCシーケンス制御と 国際規格IEC 61131-3の基礎
1.1 シーケンス制御とフィードバック制御／1.2 制御システムの構成とシーケンス制御方式／1.3 PLCの基礎／1.4 PLCと国際規格IEC 61131-3／1.5 まとめと本書のねらい／章末問題

2　準備
2.1 電圧・電流の諸性質／2.2 論理回路の基礎／2.3 プログラムの基礎／2.4 絶対座標と相対座標／章末問題

3　リレーシーケンス制御〜実践編〜
3.1 自己保持回路とフールプルーフ・フェールセーフ／3.2 回路構成と電流／3.3 リレー・タイマの動作における時間差とその影響／3.4 接点のバウンス（チャタリング）／章末問題

4　アドレスを用いたラダー図の 基礎と特徴
4.1 アドレスを用いたラダー図の基礎／4.2 システム実装・仕様変更時の作業内容例／章末問題

5　変数を用いたラダー図（国際規格 準拠プログラム）の基礎
5.1 国際規格準拠プログラムの基礎／5.2 変数を用いたラダー図の例／5.3 所定の機能を実行させる機能（FUNとFB）／5.4 ST言語／章末問題

6　PLCを用いたモーション制御 システムの構成機器
6.1 モーション制御とは／6.2 PLCを用いたモーション制御システムの構成機器／章末問題

7　モーション制御用FBによる制御
7.1 モーション制御の基本的な流れ／7.2 軸変数とは／7.3 サーボON・原点復帰／7.4 FBを用いたモーション制御1（目標値が一定値の場合）／7.5 FBを用いたモーション制御2（目標値が変化する場合）／章末問題

8　軸グループを用いたモーション制御
8.1 軸グループとは／8.2 軸グループの有効化・無効化／8.3 絶対値直線補間／8.4 円弧補間／章末問題

9　PLCによる制御で使用する外部 機器の例（画像センサと表示器）
9.1 画像センサ／9.2 表示器の利用／章末問題

付録A　Sysmac Studioの基本操作
A.1 起動と初期設定／A.2 ラダープログラムの作成手順概要／A.3 トラブルシューティング

付録B　モーション制御のプログラム例
B.1 単軸を対象とした制御／B.2 軸グループを用いた制御／B.3 軽度フォールト／B.4 モーション制御用FBの入力端子に与える変数の単位・型の対応表

付録C　エラー解除用FBの例

付録D　画像センサ・表示器の利用例
D.1 画像センサ／D.2 表示器

付録E　Simulink PLC Coderを用 いたMATLAB/Simulinkと PLCの連携
E.1 Stateflowを用いたラダープログラミング／E.2 MATLAB/Simulinkを利用した制振制御系のPLC実装例

章末問題解答例

発行／科学情報出版（株）

● ISBN 978-4-910558-21-9

大阪大学　　矢内 直人
大阪大学　　加道 ちひろ　著
奈良工業高等専門学校　　岡村 真吾

エンジニア入門シリーズ

ブロックチェーンの基礎からわかる スマートコントラクトのセキュリティ入門

定価3,300円（本体3,000円＋税）

第1章　はじめに
1−1　ブロックチェーンの背景
1−2　本書の執筆にあたり
1−3　著者とブロックチェーンの出会い
1−4　本書の構成
1−5　本書の対象者
1−6　本書の使い方
1−7　本書での表記
1−8　意見と質問
1−9　本書への貢献

第2章　ブロックチェーンの基礎知識
2−1　ブロックチェーンで用いられる暗号技術
2−2　ブロックチェーンの基本概念
2−3　ブロックチェーンの派生技術
2−4　ブロックチェーンの使い道

第3章　Ethereum スマートコントラクト
3−1　スマートコントラクトとは
3−2　Ethereum スマートコントラクトの仕組み
3−3　トークン化とそれに伴う新たな問題
3−4　Ethereum スマートコントラクトへの攻撃に関する研究

第4章　Ethereum スマートコントラクトの脆弱性
4−1　脆弱性の種類
4−2　脆弱性の対策
4−3　脆弱性に関する研究

第5章　サイバーセキュリティへの応用
5−1　ブロックチェーンの応用技術
5−2　ネットワークセキュリティへの応用
5−3　アクセス制御技術の構築
5−4　データの信頼性としての基盤技術
5−5　活用事例
5−6　サイバー犯罪での事例

第6章　むすび
6−1　本書の振り返り
6−2　ブロックチェーンのこれから
6−3　謝辞

発行／科学情報出版（株）

●ISBN 978-4-910558-19-6

滋賀大学　笛田　薫　監修
滋賀大学　江崎剛史　著
大阪経済法科大学　李　鍾賛

エンジニア入門シリーズ

Pythonではじめる異常検知入門
—基礎から実践まで—

定価3,850円　（本体3,500円＋税）

第Ⅰ部　異常検知の準備
第1章　イントロダクション
1−1　異常検知とは何か
1−2　各章のつながり
第2章　異常検知のデータサイエンス
2−1　得られたデータの見える化（可視化）
2−2　得られたデータの数式化：回帰モデル
2−2−1　回帰モデルの構築／2−2−2　モデルの当てはまりの良さ
2−3　交差検証法
2−4　次元圧縮：主成分分析／2−4−1　主成分の導出／2−4−2　寄与率と累積寄与率／2−4−3　主成分スコア／2−4−4　因子負荷量と主成分の解釈
2−5　ベイズの定理
2−5−1　事象の設定／2−5−2　事象の確率／2−5−3　条件付き確率／2−5−4　ベイズの定理
第3章　異常度と評価指標
3−1　データに基づいた異常検知
3−2　異常度：正常と異常を判別する客観的基準
3−2−1　異常度算出の例1：データ間の距離を参考に正常と異常を考える／3−2−2　異常度算出の例2：正規分布を仮定して正常と異常を考える
3−3　異常検知の性能評価
3−3−1　正常データに対する精度／3−3−2　異常データに対する精度／3−3−3　分岐精度とF値／3−3−4　ROC曲線の下部面積
3−4　この章で使用したPythonコード
第4章　距離に基づいた異常検知
4−1　はじめに
4−2　類似度（距離）
4−3　距離に基づく異常検知のアプローチ
4−3−1　全てのデータ点との距離／4−3−2　最近傍（Nearest Neighbor）からの距離／4−3−3　k近傍（Nearest Neighbor）からの平均距離／4−3−4　k最近傍までの距離の中央値

第Ⅱ部　データの特性で　　　　　アプローチを決める
第5章　入出力の情報に基づくアプローチ
5−1　通常状態からの乖離に基づく検知：ホテリングT^2
5−1−1　データが従う確率分布の仮定／5−1−2　異常度の算出／5−1−3　異常判別の閾値設定
5−2　過去の傾向からの　　　　乖離に基づく検知：k-近傍法
5−2−1　データが従う確率分布の仮定／5−2−2　異常度の算出／5−2−3　異常判別の閾値設定
5−3　特定の構造から外れたデータの検知：One-Class SVM
5−3−1　データを囲む最小の球を考える／5−3−2　異常度の定義／5−3−3　カーネルトリック／5−3−4　異常判別の閾値設定
5−4　この章で使用したPythonコード
第6章　時系列情報に基づくアプローチ
6−1　定常状態の時系列データの異常検知
6−1−1　前の時点との相関を調べる／6−1−2　異常度の算出／6−1−3　異常度判別の閾値設定
6−2　非定常状態の時系列データの異常検知
6−2−1　差分をとって定常状態とみなせる形に変換する／6−2−2　異常度の算出／6−2−3　異常度判別の閾値設定
6−3　この章で使用したPythonコード
第Ⅲ部　実践
第7章　異常検知の実践例
7−1　複数入力データの異常検知
7−1−1　通常状態からの乖離に基づく検知：ホテリングT^2／7−1−2　特定の構造から外れたデータの検知：One-Class SVM／7−1−3　補足：ホテリングT^2とOne-Class SVMの違い
7−2　時系列データの異常検知
7−2−1　気温データの時系列解析／7−2−2　補足：時系列モデルのパラメータ推定
第8章　補足
8−1　Pythonのインストールと実行
8−1−1　Anacondaのインストール／8−1−2　Jupyter notebookを使ったインタラクティブ環境／8−1−3　簡単な計算／8−1−4　変数の型／8−1−5　データ構造／8−1−6　プログラムの基本（for文とif文）／8−1−7　データの可視化／8−1−8　ライブラリのインストール
8−2　分岐ルールを作るアプローチ　　　　：Isolation Forest
8−3　異常検知の理解に有用な文献・サイト
8−3−1　統計の基礎知識に関する書籍／8−3−2　一般的な統計に関する書籍／8−3−3　さらに進んだ統計の学習のための書籍／8−3−4　機械学習に関する書籍／8−3−5　データの可視化に関する書籍／8−3−6　Pythonの使い方に関する書籍／8−3−7　異常検知に関する書籍・Webサイト／8−3−8　データを使ったビジネス課題の解決のヒントになる書籍

発行／科学情報出版（株）

● ISBN 978-4-910558-07-3　　　　　東京大学　福嶋 健二・桂 法称　著

エンジニア入門シリーズ

―Pythonで実践―

基礎からの物理学と
ディープラーニング入門

定価3,960円（本体3,600円＋税）

第1章　緒言：本書のあつかう内容
　1.1　機械学習の概念
　1.2　ディープラーニング
　1.3　物理学への誘い

第2章　概要編：
　　　　　「学習」とは何だろうか？
　2.1　教師あり学習
　2.2　強化学習
　2.3　教師なし学習
　2.4　転移学習

第3章　準備編：
　　　　　これだけは知っておきたい
　　　　　物理学
　3.1　速習：量子力学ミニマム
　3.1.1　確率振幅とSchrödinger方程式／
　3.1.2　ブラケット記法／3.1.3　変分原理／
　3.1.4　スピン
　3.2　速習：グラフ理論ミニマム
　3.2.1　グラフ理論の用語／3.2.2　グラフと行
　列／3.2.3　接続行列の直感的理解
　3.3　速習：統計力学ミニマム
　3.3.1　Ising模型／3.3.2　対称性の自発的な破
　れと相転移

第4章　入門編：
　　　　　基本的な構成法
　4.1　ニューラルネットワークの基礎
　4.1.1　ニューロンと活性化関数／4.1.2　普遍
　性定理
　4.2　学習モデル
　4.2.1　Boltzmannマシン（Boltzmann
　Machine）／4.2.2　順伝播型ニューラルネッ
　トワーク（Feedforward NN）／4.2.3　回帰
　型ニューラルネットワーク（Recurrent NN）
　／4.2.4　再帰型ニューラルネットワーク
　（Recursive NN）／4.2.5　畳み込みニューラ
　ルネットワーク（Convolutional NN）／4.2.6
　グラフニューラルネットワーク（Graph NN）
　4.3　最適化
　4.3.1　損失関数／4.3.2　最適化アルゴリズム
　／4.3.3　バックプロパゲーション

第5章　実践編：
　　　　　簡単な具体例に適用してみ
　　　　　よう
　5.1　関数形を仮定しない非線型回帰
　5.2　波動関数の変分計算
　5.3　波動関数の時間発展：RNNの応用
　5.4　量子Heisenberg模型の基底状態
　5.4.1　2スピンの問題／5.4.2　2スピン系
　の基底状態のBoltzmannマシンによる表現／
　5.4.3　4スピン系の基底状態／5.4.4　より大
　きな系の基底状態

第6章　応用編：
　　　　　現代物理学への挑戦
　6.1　Ising模型への応用
　6.1.1　2次元Ising模型の相転移の判定／
　6.1.2　Ising模型の制限Boltzmannマシンによる
　表現
　6.2　トポロジカル絶縁体・
　　　　超伝導体への応用
　6.2.1　強束縛模型／6.2.2　トポロジカル物質
　／6.2.3　トポロジカル量子相転移の判定

第7章　関連する周辺の話題
　7.1　Gauss過程による回帰分析
　7.2　位相的データ解析入門

発行／科学情報出版（株）

エンジニア入門シリーズ
―はじめて学ぶ―

リチウムイオン電池設計の入門書

2023年10月23日　初版発行

著　者	棟方 裕一	©2023

発行者　　松塚 晃医

発行所　　科学情報出版株式会社
　　　　　〒 300-2622　茨城県つくば市要443-14 研究学園
　　　　　電話　029-877-0022
　　　　　http://www.it-book.co.jp/

ISBN 978-4-910558-22-6　C3054
※転写・転載・電子化は厳禁
※機械学習、AI システム関連、ソフトウェアプログラム等の開発・設計で、
　本書の内容を使用することは著作権、出版権、肖像権等の違法行為として
　民事罰や刑事罰の対象となります。